计算机科学与技术丛书

深度学习
应用开发实践

文本音频图像处理30例

李永华 田云龙 许亮斌 苑世宁◎编著

清华大学出版社

北京

内 容 简 介

本书通过 30 个应用机器学习模型和算法的实际案例，为读者提供较为详细的实战方案，以便进行深度学习。在编排方式上，全书侧重对创新项目的过程进行介绍，分别从整体设计、系统流程、实现模块等角度论述数据处理、模型训练和模型应用，并剖析模块的功能、使用及程序代码。为便于读者高效学习、快速掌握人工智能程序开发方法，本书配套提供项目设计视频讲解、工程文档、程序代码、实现过程中出现的问题及解决方法等资源，可供读者二次开发。

本书语言简洁，深入浅出，通俗易懂，不仅适合对 Python 编程有兴趣的爱好者，而且可作为高等院校相关专业的参考教材，还可作为从事智能应用创新开发专业人员的技术参考书。

图书在版编目（CIP）数据

深度学习应用开发实践：文本音频图像处理 30 例 / 李永华等编著. -- 北京：清华大学出版社，2025. 2. --（计算机科学与技术丛书）. -- ISBN 978-7-302-68266-0

Ⅰ. TP18

中国国家版本馆 CIP 数据核字第 2025X6Q660 号

责任编辑：崔　彤
封面设计：李召霞
责任校对：申晓焕
责任印制：沈　露

出版发行：清华大学出版社
　　　网　　　址：https://www.tup.com.cn，https://www.wqxuetang.com
　　　地　　　址：北京清华大学学研大厦 A 座　　　邮　　编：100084
　　　社 总 机：010-83470000　　　邮　　购：010-62786544
　　　投稿与读者服务：010-62776969，c-service@tup.tsinghua.edu.cn
　　　质量反馈：010-62772015，zhiliang@tup.tsinghua.edu.cn
　　　课件下载：https://www.tup.com.cn，010-83470236
印 装 者：三河市龙大印装有限公司
经　　销：全国新华书店
开　　本：186mm×240mm　　　印　张：20.25　　　字　数：458 千字
版　　次：2025 年 4 月第 1 版　　　印　次：2025 年 4 月第 1 次印刷
印　　数：1～1500
定　　价：79.00 元

产品编号：105117-01

前言
PREFACE

  Python 作为人工智能和大数据领域的重要开发语言，具有灵活性强、扩展性好、应用面广、可移植、可扩展、可嵌入等特点，近年来发展迅速，人才需求量逐年攀升，已经成为高等院校的专业课程。

  为适应当前教学改革的要求，更好地践行人工智能模型与算法的应用，本书以实践教学与创新能力培养为目标，从不同难度、不同类型、不同算法出发，融合了同类教材的优点，将实际智能应用案例进行总结，希望起到抛砖引玉的作用。

  本书的主要内容和素材来自开源网站的人工智能经典模型算法、信息工程专业创新课程内容、作者所在学校近几年承担的科研项目成果及作者指导学生完成的创新项目。

  本书内容理论与实践相结合，采用系统整体架构、系统流程与代码实现相结合的方式，对于从事人工智能开发、机器学习和算法实现的专业技术人员可作为技术参考书，提高其工程创新能力；也可作为信息通信工程及相关专业本科生的参考教材，为机器学习模型分析、算法设计和实现提供帮助。

  本书的编写得到了教育部电子信息类专业教学指导委员会，信息工程专业国家第一类特色专业建设项目，信息工程专业国家第二类特色专业建设项目，教育部 CDIO 工程教育模式研究与实践项目，教育部本科教学工程项目，信息工程专业北京市特色专业建设，北京市教育教学改革项目，以及北京邮电大学教育教学改革项目（2022SJJX-A01）的大力支持，在此表示感谢！

  由于作者水平有限，书中疏漏之处在所难免，衷心地希望各位读者多提宝贵意见，以便进一步修改和完善。

作 者

2025 年 1 月于北京

目 录
CONTENTS

AI 作曲

本项目基于 TensorFlow 开发环境,使用 LSTM 模型,搜集 MIDI 文件,进行特征筛选和提取,训练生成合适的机器学习模型,实现人工智能作曲。

1.1　总体设计

本部分包括整体框架和系统流程。

1.1.1　整体框架

整体框架如图 1-1 所示。

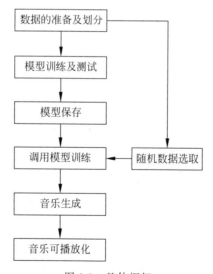

图 1-1　整体框架

1.1.2　系统流程

系统流程如图 1-2 所示。

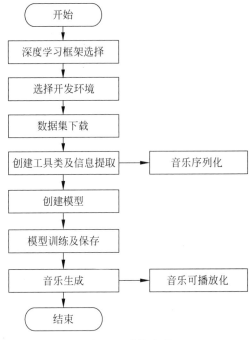

图 1-2　系统流程

1.2　运行环境

本部分包括 Python 环境、虚拟机环境、TensorFlow 环境及 Python 类库。

1.2.1　Python 环境

在 Windows 环境下下载 Anaconda，完成 Python 2.7 及以上版本的环境配置，如图 1-3 所示。

图 1-3　下载 Anaconda 界面

1.2.2 虚拟机环境

安装 VirtualBox，如图 1-4 所示。

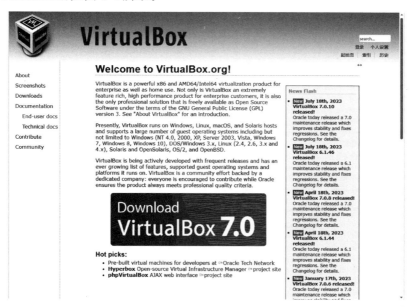

图 1-4 安装 VirtualBox 界面

如图 1-5 所示，安装 Ubuntu 系统，如果版本号是 16.04，那么它属于长期支持版。下载 Ubuntu GNOME，如图 1-6 所示。打开 VirtualBox，如图 1-7 所示。

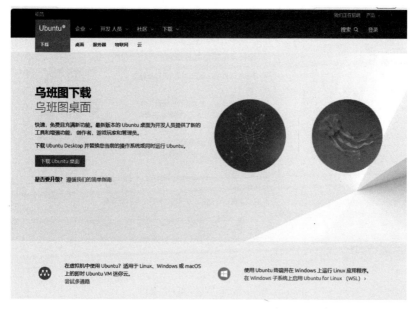

图 1-5 安装 Ubuntu 系统

图 1-6 下载 Ubuntu GNOME 界面

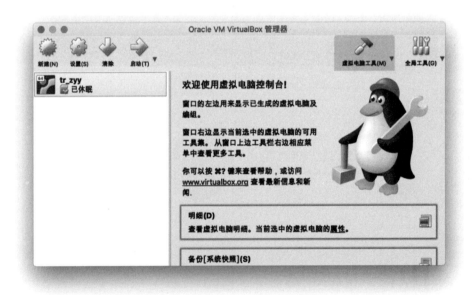

图 1-7 打开 VirtualBox 界面

单击"新建"按钮,出现如图1-8所示的对话框。

图1-8　虚拟机创建界面

名称可自行定义;类型选择Linux;版本选择Ubuntu(64-bit);内存大小可自行设置,建议设置为2048MB以上;虚拟硬盘选择默认选项,即现在创建虚拟硬盘,之后单击创建按钮,在文件位置和大小对话框中将虚拟硬盘更改为20GB,虚拟机映像文件创建完成。对该映像文件右击进行设置,单击存储按钮进行保存。

选择没有盘片→分配光驱→虚拟光盘文件,添加下载好的Ubuntu GnomeISO镜像文件,然后单击OK按钮。选择install Ubuntu GNOME→Continue→Install Now→Continue→Continue,在Keyboard layout对话框中选择Chinese,单击Continue按钮,等待安装完成后单击Restart Now按钮即可。

(1) 进行Ubuntu的基本配置。

(2) 打开Terminal,安装谷歌输入法,输入如下命令:

```
sudo apt install fcitx fcitx-googlepinyin im-config
```

(3) 安装VIM,输入如下命令:

```
sudo apt install vim
```

(4) 创建与主机共享的文件夹,输入如下命令:

```
mkdir share_folder
sudo apt install virtualbox-guest-utils
```

（5）创建主机文件夹 AIMM_Shared，建立主机与虚拟机的共享路径，输入如下命令：

```
sudo mount - t vboxsf AIMM_Shared home/share_folder
```

1.2.3 TensorFlow 环境

安装 TensorFlow，如图 1-9 所示，打开 Terminal，输入如下命令：

```
sudo apt - get install python - pip python - dev python - virtualenv
virtualenv -- system - site - packages tensorflow
source ~/tensorflow/bin/activate
easy_install - U pip
pip install -- upgrade tensorflow
deactivate
```

图 1-9 安装 TensorFlow 界面

1.2.4 Python 类库

安装 Python 的相关类库，输入如下命令：

```
pip install numpy
pip install pandas
pip install matplotlib
sudo pip install keras
```

```
sudo pip install music21
sudo pip install h5py
sudo apt install ffmpeg
sudo apt install timidity
```

1.3 模块实现

本部分包括数据准备、信息提取、模型构建、模型训练及保存、音乐模块,下面分别给出各模块的功能介绍及相关代码。

1.3.1 数据准备

数据来自互联网下载的 70 首音乐文件,格式为 MIDI,相关数据见"数据集文件 1-1",如图 1-10 所示。

图 1-10 训练数据集

1.3.2 信息提取

数据准备完成后,需要进行文件格式转换及音乐信息提取。

1. 文件格式转换

使用 Timidity 软件,实现 MIDI 转换为 MP3 等其他流媒体格式的操作。相关代码见"代码文件 1-1"。

2. 音乐信息提取

将 MIDI 文件中的音符数据全部提取,包括 note 和 chord 的处理;note 指音符,而 chord 指和弦。使用的软件是 Music21,它可以对 MIDI 文件进行一些数据提取或者写入,相关代码如下。

```
import os
from music21 import converter, instrument
def print_notes():
    if not os.path.exists("1.mid"):
```

```
        raise Exception("MIDI 文件 1.mid 不在此目录下,请添加")
    #读取 MIDI 文件,输出 Stream 流类型
    stream = converter.parse("1.mid")    #解析 1.mid 的内容
    #获得所有乐器部分
    parts = instrument.partitionByInstrument(stream)
    if parts:                          #如果有乐器部分,取第一个乐器部分,先采取一个音轨
        notes = parts.parts[0].recurse() #递归获取
    else:
        notes = stream.flat.notes
    #输出每个元素
    for element in notes:
        print(str(element))
if __name__ == "__main__":
    print_notes()
```

1.3.3 模型构建

数据加载后,需要进行定义结构并优化损失函数。

1. 定义结构

图 1-11 为图形化的神经网络搭建模型,共 9 层,只用 LSTM 的 70%,舍弃 30%,这是为了防止过拟合,最后全连接层的音调数就是初始定义 num_pitch 的数目,用神经网络去预测每次生成的新音调属于所有音调中的哪一个,利用交叉熵和 Softmax(激活层)计算出概率最高那个作为输出(输出为预测音调对应的序列)。还需要在代码后面添加指定模型的损失函数并进行优化器设置。

图 1-11　神经网络模型结构

```
#RNN-LSTM 循环神经网络
import tensorflow as tf
#神经网络模型
def network_model(inputs, num_pitch, weights_file = None):
    model = tf.keras.models.Sequential()
```

构建一个神经网络模型(其中 Sequential 是序列的意思),在 TensorFlow 官网中可以看到基本用法,通过 add() 函数添加需要的层。Sequential 相当于一个汉堡模型,根据自己的需要按顺序填充不同层,相关代码如下。

```
#模型框架,第 n 层输出会成为第 n+1 层的输入,一共 9 层
model.add(tf.keras.layers.LSTM(
    512, #LSTM 层神经元的数目是 512,也是 LSTM 层输出的维度
    input_shape = (inputs.shape[1], inputs.shape[2]),
```

```
        #输入的形状,对第一个 LSTM 层必须设置
        #return_sequences: 控制返回类型
        #True: 返回所有的输出序列
        #False: 返回输出序列的最后一个输出
        #在堆叠 LSTM 层时必须设置,最后一层 LSTM 可以不用设置
        return_sequences = True               #返回所有的输出序列
))
#丢弃 30 % 神经元,防止过拟合
model.add(tf.keras.layers.Dropout(0.3))
model.add(tf.keras.layers.LSTM(512, return_sequences = True))
model.add(tf.keras.layers.Dropout(0.3))
model.add(tf.keras.layers.LSTM(512))
#return_sequences 是默认的 False,只返回输出序列的最后一个
#256 个神经元的全连接层
model.add(tf.keras.layers.Dense(256))
model.add(tf.keras.layers.Dropout(0.3))
model.add(tf.keras.layers.Dense(num_pitch))
#输出的数目等于所有不重复的音调数目: num_pitch
```

2. 优化损失函数

确定神经网络模型架构之后,需要对模型进行编译,这是回归分析问题,因此先用 Softmax 计算百分比概率,再用 Cross entropy(交叉熵)计算概率和独热码之间的误差,使用 RMSProp 优化器优化模型参数,相关代码如下。

```
model.add(tf.keras.layers.Activation('softmax'))          #Softmax 激活函数计算概率
#交叉熵计算误差,使用 RMSProp 优化器
#计算误差
model.compile(loss = 'categorical_crossentropy', optimizer = 'rmsprop')
#损失函数 loss,优化器 optimizer
if weights_file is not None: #如果是生成音乐
    #从 HDF5 文件中加载所有神经网络层的参数
    model.load_weights(weights_file)
return model
```

1.3.4　模型训练及保存

构建完整模型后,在训练模型之前需要准备输入序列。创建一个字典,用于映射音调和整数,同时还需要通过字典将整数映射成音调。除此之外,将输入序列的形状转换成神经网络模型可接收的形式,输入归一化。前面在构建神经网络模型时定义损失函数,用布尔的形式计算交叉熵,所以要将期望输出转换成 0 和 1 组成的布尔矩阵。

1. 模型训练

模型训练相关代码如下。

```
import numpy as np
import tensorflow as tf
from utils import *
from network import *
```

```
#训练神经网络
def train():
    notes = get_notes()
    #得到所有不重复的音调数目
    num_pitch = len(set(notes))
    network_input, network_output = prepare_sequences(notes, num_pitch)
    model = network_model(network_input, num_pitch)
    filepath = "weights-{epoch:02d}-{loss:.4f}.hdf5"
```

在训练模型之前，需要定义一个检查点，其目的是在每轮结束时保存模型参数（weights），在训练过程中不会丢失模型参数，而且在对损失满意时随时停止训练。根据官方文件提供的示例格式设置文件路径，不断更新保存模型参数 weights，格式为.hdf5。其中checkpoint 中参数设置 save_best_only＝True，是指监视器 monitor＝"loss"监视保存最好的损失，如果这次损失比上次损失小，则上次参数就会被覆盖，相关代码如下。

```
checkpoint = tf.keras.callbacks.ModelCheckpoint(
    filepath,                               #保存的文件路径
    monitor = 'loss',                       #监控的对象是损失(loss)
    verbose = 0,
    save_best_only = True,
    mode = 'min'                            #取损失最小的
)
callbacks_list = [checkpoint]
#用 fit()函数训练模型
model.fit(network_input, network_output, epochs = 100, batch_size = 64, callbacks =
callbacks_list)
#为神经网络准备好训练的序列
def prepare_sequences(notes, num_pitch):
    sequence_length = 100                   #序列长度
    #得到所有不重复音调的名字
    pitch_names = sorted(set(item for item in notes))    #sorted 用于字母排序
    #创建一个字典，用于映射音调和整数
    pitch_to_int = dict((pitch,num) for num,pitch in enumerate(pitch_names))
    #enumerate 是枚举
    #创建神经网络的输入序列和输出序列
    network_input = []
    network_output = []
    for i in range(0, len(notes) - sequence_length, 1):
    #每隔一个音符就取前面的一百个音符用来训练
        sequence_in = notes[i: i + sequence_length]
        sequence_out = notes[i + sequence_length]
        network_input.append([pitch_to_int[char] for char in sequence_in])
```

Batch size 是批次（样本）数目，它是一次迭代所用的样本数目。Iteration 是迭代，每次迭代更新一次权重（网络参数），每次权重更新需要 Batch size 个数据前向运算后再进行反向运算，一个 Epoch 指所有的训练样本完成一次迭代。

2. 模型保存

训练神经网络后，将 weights 参数保存在 HDF5 文件中，相关代码如下。

```
#将 sequence_in 中的每个字符转换成数字后存入 network_input 中
        network_output.append(pitch_to_int[sequence_out])
    n_patterns = len(network_input)
    #将输入的形状转换成神经网络模型可以接收的形式
network_input = np.reshape(network_input,(n_patterns,sequence_length, 1))
    #输入标准化/归一化
    #归一化可以使之后的优化器(optimizer)更快更好地找到误差最小值
    network_input = network_input /float(num_pitch)
    #将期望输出转换成{0, 1}组成的布尔矩阵,配合误差算法使用
    network_output = tf.keras.utils.to_categorical(network_output)
    return network_input, network_output
if __name__ == '__main__':
    train()
```

1.3.5　音乐模块

本模块主要有序列准备、音符生成和音乐生成，主要作用如下：①为神经网络准备好供训练的序列；②基于序列音符，用神经网络生成新的音符；③用训练好的神经网络模型参数作曲。

在训练模型时用 fit() 函数，模型预测数据时用 predict() 函数得到最大的维度，也就是概率最高的音符。将实际预测的整数转换成音调保存，输入序列向后移动，不断生成新的音调。

1. 序列准备

序列准备相关代码如下。

```
def prepare_sequences(notes, pitch_names, num_pitch):
    #为神经网络准备好供训练的序列
    sequence_length = 100
    #创建一个字典,用于映射音调和整数
  pitch_to_int = dict((pitch,num) for num, pitch in enumerate(pitch_names))
    #创建神经网络的输入序列和输出序列
    network_input = []
    network_output = []
    for i in range(0, len(notes) - sequence_length, 1):
        sequence_in = notes[i: i + sequence_length]
        sequence_out = notes[i + sequence_length]
        network_input.append([pitch_to_int[char] for char in sequence_in])
        network_output.append(pitch_to_int[sequence_out])
    n_patterns = len(network_input)
    #将输入的形状转换成神经网络模型可以接收的形式
normalized_input = np.reshape(network_input,(n_patterns sequence_length, 1))
    #输入标准化/归一化
    normalized_input = normalized_input / float(num_pitch)
    return network_input, normalized_input
```

2. 音符生成

音符生成相关代码如下。

```python
def generate_notes(model, network_input, pitch_names, num_pitch):
    # 基于序列音符,用神经网络生成新的音符
    # 从输入中随机选择一个序列,作为预测/生成音乐的起始点
    start = np.random.randint(0, len(network_input) - 1)
    # 创建一个字典,用于映射整数和音调
    int_to_pitch = dict((num, pitch) for num, pitch in enumerate(pitch_names))
    pattern = network_input[start]
    # 神经网络实际生成的音调
    prediction_output = []
    # 生成 700 个音符/音调
    for note_index in range(700):
        prediction_input = np.reshape(pattern, (1, len(pattern), 1))
        # 输入归一化
        prediction_input = prediction_input / float(num_pitch)
        # 用载入了训练所得最佳参数文件的神经网络预测/生成新的音调
        prediction = model.predict(prediction_input, verbose=0)
        # argmax 取最大的维度
        index = np.argmax(prediction)
        # 将整数转成音调
        result = int_to_pitch[index]
        prediction_output.append(result)
        # 向后移动
        pattern.append(index)
        pattern = pattern[1:len(pattern)]
    return prediction_output
if __name__ == '__main__':
    generate()
```

3. 音乐生成

音乐生成相关代码如下。

```python
# 使用之前训练所得的最佳参数生成音乐
def generate():
    # 加载用于训练神经网络的音乐数据
    with open('data/notes', 'rb') as filepath:
        notes = pickle.load(filepath)
    # 得到所有音调的名字
    pitch_names = sorted(set(item for item in notes))
    # 得到所有不重复的音调数目
    num_pitch = len(set(notes))
    network_input, normalized_input = prepare_sequences(notes, pitch_names, num_pitch)
    # 载入之前训练时最好的参数文件,生成神经网络模型
    model = network_model(normalized_input, num_pitch, "best - weights.hdf5")
    # 用神经网络生成音乐数据
```

```
prediction = generate_notes(model, network_input, pitch_names, num_pitch)
♯用预测的音乐数据生成 MIDI 文件,再转换成 MP3 格式
create_music(prediction)
```

1.4　系统测试

本部分包括训练过程及测试效果。

1.4.1　训练过程

运行 python train. py 并开始训练,默认训练 100 个 epoch,可使用组合键 Ctrl+C 结束训练,如图 1-12 所示。

```
Epoch 27/400
42685/42685 [==============================]42685/42685 [==============================] - 1858s 44ms/step - loss: 4.5118
Epoch 28/400
42685/42685 [==============================]42685/42685 [==============================] - 1855s 43ms/step - loss: 4.4739
Epoch 29/400
42685/42685 [==============================]42685/42685 [==============================] - 1853s 43ms/step - loss: 4.3547
Epoch 30/400
42685/42685 [==============================]42685/42685 [==============================] - 1853s 43ms/step - loss: 4.2431
Epoch 31/400
42685/42685 [==============================]42685/42685 [==============================] - 1850s 43ms/step - loss: 4.1182
Epoch 32/400
42685/42685 [==============================]42685/42685 [==============================] - 1849s 43ms/step - loss: 3.9861
Epoch 33/400
42685/42685 [==============================]42685/42685 [==============================] - 1847s 43ms/step - loss: 3.8438
Epoch 34/400
42685/42685 [==============================]42685/42685 [==============================] - 1845s 43ms/step - loss: 3.6849
Epoch 35/400
42685/42685 [==============================]42685/42685 [==============================] - 1842s 43ms/step - loss: 3.5315
Epoch 36/400
42685/42685 [==============================]42685/42685 [==============================] - 1844s 43ms/step - loss: 3.3884
Epoch 37/400
42685/42685 [==============================]42685/42685 [==============================] - 1845s 43ms/step - loss: 3.2341
Epoch 38/400
42685/42685 [==============================]42685/42685 [==============================] - 1845s 43ms/step - loss: 3.0969
Epoch 39/400
42685/42685 [==============================]42685/42685 [==============================] - 1849s 43ms/step - loss: 2.9628
```

图 1-12　训练过程

随着 epoch 增加,损失率越来越低,模型在训练数据、测试数据上的损失和准确率逐渐收敛,最终趋于稳定。

生成 MP3 格式的音乐时,先从 output. mid 生成 MIDI 文件,再从 output. mid 生成 output. mp3 文件——确保其位于 generate. py 同级目录下,运行 python generate. py 即可生成 MP3 格式的音乐。

1.4.2　测试效果

生成结果如图 1-13 所示,output. mid 是直接生成的 MIDI 文件,output. mp3 是转换后的 MP3 流媒体格式文件。

图 1-13　生成的 MIDI 文件和 MP3 文件

通过 Garage Band 尝试播放生成的音乐，如图 1-14 所示。

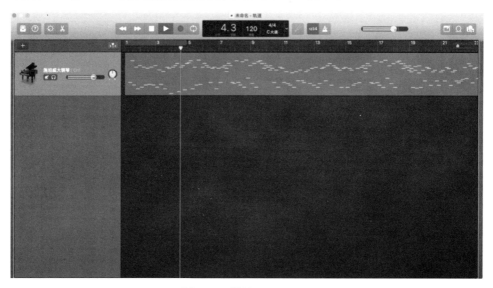

图 1-14　播放 output. mid

项目 2

语 音 识 别

本项目基于卷积神经网络（Convolutional Neural Networks,CNN）对采样音频不同的声谱图进行识别,实现辨别数字声音。

2.1 总体设计

本部分包括整体框架和系统流程。

2.1.1 整体框架

整体框架如图 2-1 所示。

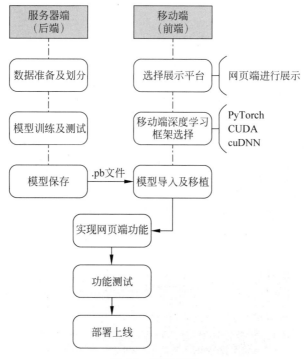

图 2-1 整体框架

2.1.2 系统流程

系统流程如图 2-2 所示。

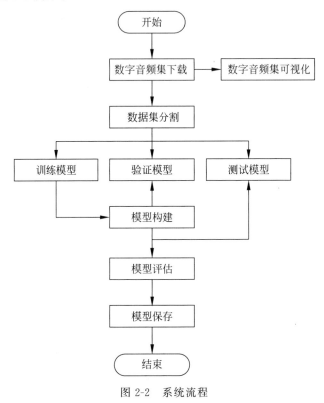

图 2-2 系统流程

2.2 运行环境

本部分包括 Python 环境、PyCharm 环境、PyTorch 环境、CUDA 和 cuDNN 环境。

2.2.1 Python 环境

在 Windows 环境下下载 Anaconda,完成 Python 的环境配置,如图 1-3 所示。

2.2.2 PyCharm 环境

PyCharm 需要在 Python 下载安装成功后再进行安装,如图 2-3 所示。

单击安装程序后选择路径配置相关环境,勾选所有选项后完成下载。选择项目所在路径→Previouslyconfiguredinterpreter→Createamain. py→Create 进行项目搭建。右击 main. py,单击运行按钮,运行成功则代表环境配置成功。

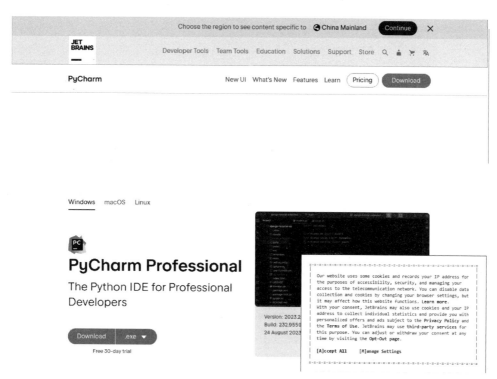

图 2-3　下载 PyCharm 界面

2.2.3　PyTorch 环境

首先,打开 Anaconda 命令提示行;其次,打开 Anaconda Prompt,前面显示(base)说明已经进入 Anaconda 的基础环境;最后,输入相关代码。

```
condacreate－npytorch1_11python＝3.7
```

pytorch1_11 是创建环境的名称。python＝3.7 是 Python 的版本。

选择与自己版本对应的命令行输入即可。Package 表示安装方式,在 Windows 下使用 Conda 即可,也可以选择 pip 虚拟指令对所有的第三方软件进行统一安装。

2.2.4　CUDA 和 cuDNN 环境

检查计算机所支持的下载版本,如图 2-4 所示,在 CUDA Toolkit 12.1.1(April 2023)中右击选择 nvidia→系统信息→组件。临时解压路径,建议默认即可,也可以自定义。安装结束后,临时解压文件夹会自动删除;选择自定义安装,安装完成后配置 CUDA 的环境变量;在命令行中,测试是否安装成功;双击.exe 文件,选择下载路径(推荐默认路径)。

cuDNN 作为 CUDA 的补丁环境,需要用到与 CUDA 相匹配的 11.3 版本,如图 2-5 所示。

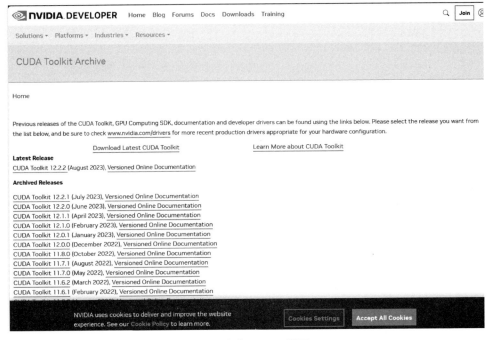

图 2-4 安装 CUDA 界面

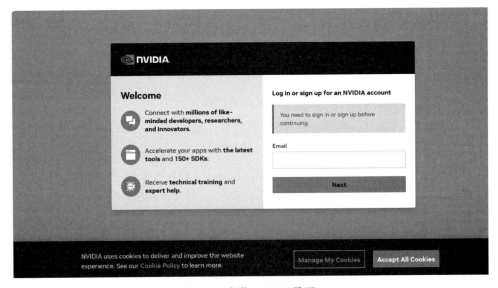

图 2-5 安装 cuDNN 界面

2.2.5 网页端配置环境

通过配置静态服务器端代码,将后端的结果展示于前端。如果请求的资源是 HTML 文件,可以认为是动态资源请求,需要将请求封装成 WSGI 协议要求的格式,并传输到 Web

框架处理。WSGI 协议要求服务器端将请求报文的各项信息组合成一个字典 environ,同样传输到 Web 框架,相关代码如下。

```
importsocket
importthreading
classMyWebServer(object):
def__init__(self,port):
# 初始化: 创建套接字
self.server_socket = socket.socket(socket.AF_INET,socket.SOCK_STREAM)
self.server_socket.setsockopt(socket.SOL_SOCKET,socket.SO_REUSEADDR,True)
self.server_socket.bind(("localhost",port))
self.server_socket.listen(128)
defstart(self):
# 启动: 建立连接,并开启子线程
whileTrue:
new_socket,address = self.server_socket.accept()
print("已连接",address,sep = "from")
sub_thread = threading.Thread(target = self.handle,args = (new_socket,),daemon = True)
sub_thread.start()
@staticmethod
defhandle(handle_socket):
# 利用子线程收发 HTTP 格式数据
request_data = handle_socket.recv(4096)
iflen(request_data) == 0:
print("浏览器已断开连接...")
handle_socket.close()
return
request_content = request_data.decode("utf-8")
print(request_content)
# 以\r\n分割各项信息
request_list = request_content.split("\r\n")
# 提取请求的资源路径
request_line = request_list[0]
request_line_list = request_line.split("")
request_method,request_path,request_version = request_line_list
# 首页
ifrequest_path == "/":
request_path = "/index.html"
# 响应行与响应头信息置空
response_line = response_header = ""
# 根据请求路径准备好响应行和响应体
try:
withopen("." + request_path,"rb")asrequest_file:
response_body = request_file.read()
except(FileExistsError,FileNotFoundError):
response_line += f"{request_version}404NotFound\r\n"
withopen("./error.html","rb")asrequest_file:
response_body = request_file.read()
else:
response_line += f"{request_version}2000K\r\n"
finally:
```

```
# 准备好响应头信息
response_header += "Server:MyWebServer2.0\r\n"
# 向浏览器发送响应报文
response_data = (response_line + response_header + "\r\n").encode("utf-8") + response_body
handle_socket.send(response_data)
# 断开与浏览器的连接
handle_socket.close()
defmain():
port = 8888
my_web_server = MyWebServer(port)
my_web_server.start()
if __name__ == "__main__":
main()
```

2.3 模块实现

本部分包括数据准备、模型构建、模型训练及保存、模型应用,下面分别给出各模块的功能介绍及相关代码。

2.3.1 数据准备

数据集使用 speech_commands,speech_commands 的 1.1v 数据集包含 500ms 的录音/波形,其中有一些随机的数字音频或者空白的音频。数据集界面如图 2-6 所示。每个波形

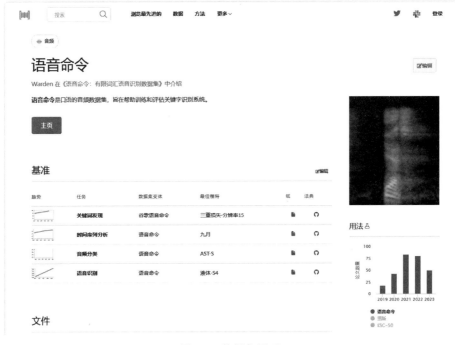

图 2-6 数据集界面

的标签是文件名的最后一个数字(0~9),能根据其文件的名称看出波形种类。因为数据有几千条,非常庞大,所以在本项目中只使用少量数据作为训练数据集。这些数据被捆绑在独立的 HDF5 文件中,有它自己的标签,称为"波形",每个波形被存储成一组。

相关代码如下。

```
importos
importcsv
digit = ['zero','one','two','three','four','five','six','seven','eight','nine']
d = {}
withopen("Spoken_digit_path.csv",'w')ascsvfile:
csvwriter = csv.writer(csvfile)
csvwriter.writerow(["File","Label"])
forxindigit:
ifos.path.isdir('./dataset/' + x):
d[x] = os.listdir('./dataset/' + x)
fornameinos.listdir('./dataset/' + x):
ifos.path.isfile('./dataset/' + x + "/" + name):
csvwriter.writerow([x + '/' + name,x])
df = pd.read_csv('Spoken_digit_path.csv')
# 随机排列
df = df.sample(frac = 1)
df.to_csv('Spoken_digit_path.csv',index = False)
print(df.shape)
```

2.3.2 模型构建

提取数字特征并保存数据为 Spoken_digit_five_fts.csv 文件,其特征如下。

(1) MelFrequencyCepstralCoefficients(MFCCs):根据人类听觉系统响应(Mel 尺度)间隔的频带组成声音频谱表示的系数。

(2) Chroma:与 12 个不同的音高等级有关。

(3) Melspectrogram:平均值——基于 Mel 标度的 Mel 谱图。

(4) SpectralContrast:表示谱的质心。

(5) Tonnetz:代表音调空间。

对所有特征做均值处理,大小为(20,)(12,)(128,)(7,)和(6,)。这些连接起来形成一个大小为(173,)的特征数组。标签被附加到数组的头部,并写入每个记录的 CSV 文件中,相关代码如下。

```
importlibrosa
importnumpyasnp
importpandasaspd
importcsv
importos
# 创建文件并写相应的格式
csvfile = open("Spoken_digit_five_fts.csv","w")
csvwriter = csv.writer(csvfile)
```

```
csvwriter.writerow(np.concatenate(([ 'Label' ],[ iforiinrange(1,174)]])))
defextract_features(files):
data,sr = librosa.load('./dataset/' + files.File,sr = None)
print(files.File)
mfccs = np.mean(librosa.feature.mfcc(y = data,sr = sr).T,axis = 0)
# spectral_centroids = librosa.feature.spectral_centroid(data + 0.01,sr = sr)[0]
stft = np.abs(librosa.stft(data))
chroma = np.mean(librosa.feature.chroma_stft(S = stft,sr = sr).T,axis = 0)
mel = np.mean(librosa.feature.melspectrogram(data,sr).T,axis = 0)
contrast = np.mean(librosa.feature.spectral_contrast(S = stft,sr = sr).T,axis = 0)
tonnetz = np.mean(librosa.feature.tonnetz(y = librosa.effects.harmonic(data),sr = sr).T,axis = 0)
# print(mfccs.shape,stft.shape,chroma.shape,mel.shape,contrast.shape,tonnetz.shape)
row = np.concatenate((mfccs,chroma,mel,contrast,tonnetz),axis = 0).astype('float32')
csvwriter.writerow(np.concatenate(([digit.index(files.Label)],row)))
sp = pd.read_csv("Spoken_digit_path.csv")
#最关键的 apply 函数,sp 读取了所有数据集路径
# apply(extract_features,axis = 1),把路径当作参数传进 extract_features 运行
sp.apply(extract_features,axis = 1)
```

2.3.3 模型训练及保存

本部分包括模型训练、模型代码、特征数据加载、模型保存及模型测试。

1. 模型训练

将所需的 PyTorch 相关训练库进行导入,包括所需的功能性函数及测试训练集等,相关代码如下。

```
importtorch
importtorch.nnasnn
importtorch.nn.functionalasF
importpandasaspd
fromsklearn.model_selectionimporttrain_test_split
importtorch.utils.dataasData
fromsklearn.preprocessingimportStandardScaler
```

CNN 定义、训练和测试通常是使用已有的深度学习框架,利用 PyTorch 搭建 CNN。模型训练是以迭代方式,通过神经网络传递数据集,使输出结果的错误率标准降至最低。相关代码如下。

```
deftrain_model(data,label,lr,batch_size,epoch):
net = Net()
net = net.cuda()
print(net)
LR = lr
BATCH_SIZE = batch_size
EPOCH = epoch
optimizer = torch.optim.SGD(net.parameters(),lr = LR)
torch_dataset = Data.TensorDataset(data,label)
loader = Data.DataLoader(
```

```
dataset = torch_dataset,
batch_size = BATCH_SIZE,
shuffle = True,
)
forepochinrange(EPOCH):
forstep, (batch_data, batch_label)inenumerate(loader):
print('Epoch:', epoch + 1, '/', EPOCH, 'Step:', step)
prediction = net(batch_data)
loss = F. cross_entropy(prediction, batch_label)
optimizer. zero_grad()
loss. backward()
optimizer. step()
_, pred = torch. max(prediction, 1)
accuracy = torch. sum(pred == batch_label). item()/len(pred)
print('Accuracy:', accuracy)
returnnet
```

2. 模型代码

```
classNet(nn. Module):
def__init__(self):
super(Net, self). __init__()
self. l1 = nn. Linear(173, 1024)
self. l2 = nn. Linear(1024, 512)
self. l3 = nn. Linear(512, 64)
self. l4 = nn. Linear(64, 10)
defforward(self, x):
x = F. relu(self. l1(x))
x = F. relu(self. l2(x))
x = F. relu(self. l3(x))
x = self. l4(x)
returnx
```

3. 特征数据加载

对整个模型进行架构的建立,设置各种变量和所需的结果,相关代码如下。

```
defload_data(file):
sp = pd. read_csv(file)
# print(sp)
data, label = sp. drop(['Label'], axis = 1), sp['Label']
print(data)
data = data. values. astype('float32')
label = label. values
scale = StandardScaler()
# 通过 fit()函数求训练集的均值、方差、最大值、最小值等训练集固有的属性
# 通过 transform()函数在 fit()函数的基础上进行标准化、降维、归一化等操作
# fit_transform 是 fit 和 transform 的组合
data = scale. fit_transform(data)
data = torch. from_numpy(data)
label = torch. from_numpy(label). long()
returndata, label
```

4．模型保存

```
def save_model(net, file):
#保存整个模型
torch.save(net, file)
#保存模型参数
# torch.save(net.state_dict(), file)
def restore_net(file):
net = torch.load(file)
return net
```

5．模型测试

构建整个模型后，对模型的相关准确度、是否出现运行错误、运行时间长短等进行测试。

```
def test_model(net, data, label):
prediction = net(data)
_, pred = torch.max(prediction, 1)
accuracy = torch.sum(pred == label).item()/len(pred)
print("test_Accuracy:", accuracy)
```

2.3.4　模型应用

通过 PyWebIO 将音频识别结果进行展示。PyWebIO 模块提供一系列命令式的交互函数在浏览器上获取用户输入和输出，将浏览器变成一个富文本终端，可以用于构建简单的 Web 应用或基于浏览器的 GUI 应用。通过 PyWebIO，使用者能像编写终端脚本一样（基于 input 和 print 进行交互）编写应用，无须具备 HTML 和 JS 的相关知识。

如图 2-7 所示，在 train.py 文件中手动添加待识别文件的路径并运行程序，运行完成后会自动跳出网页，在前端显示识别结果。

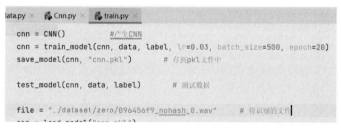

图 2-7　手动添加待识别文件

模型导入及调用：一是将相关功能进行连接，保存在 model.py 文件中直接运行；二是调用 PyTorch 模型得到预测结果；三是运行主程序，得到最终的网页结果。相关代码见"代码文件 2-1"。

2.4　系统测试

本部分包括训练准确率及测试效果。

2.4.1　训练准确率

可以通过增强训练数据、调整网络结构和参数、融合实验模型等方法多次实验,提升准确率。训练准确率为 88%,如图 2-8 所示。随着 epoch 次数的增多,模型在训练数据、测试数据上的损失和准确率逐渐收敛,最终趋于稳定。

```
Accuracy: 0.8766197183098592
Precision_score: 0.8766824241650614
Recall_score: 0.8763292695338235
F1_score 0.8764043367712819

Process finished with exit code 0
```

图 2-8　训练准确率

2.4.2　测试效果

经测试,0～9(共 10 种结果)均识别成功,分别如图 2-9 和图 2-10 所示。

识别结果为: 0

图 2-9　识别结果为 0

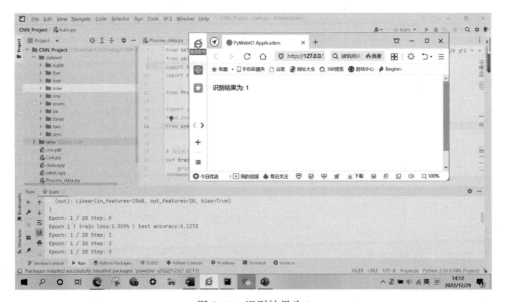

识别结果为: 1

图 2-10　识别结果为 1

项目 3

人 像 分 割

本项目通过对静态图像和动态视频的人像进行抠图和保存，实现背景更换功能。

3.1 总体设计

本部分包括整体框架和系统流程。

3.1.1 整体框架

整体框架如图 3-1 所示。

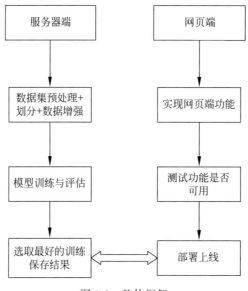

图 3-1 整体框架

3.1.2 系统流程

系统流程如图 3-2 所示。

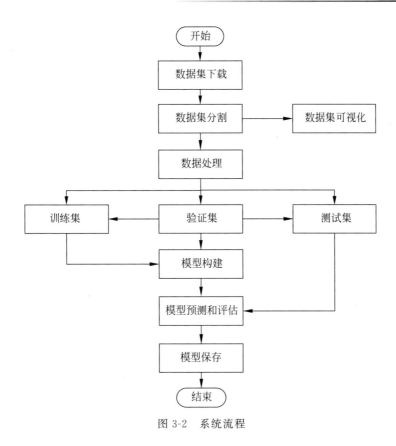

图 3-2　系统流程

3.2　运行环境

本部分包含 Python、PyTorch 和 PyQt5 的环境配置。

3.2.1　Python 环境

在 Windows 环境下下载 Anaconda,完成 Python 3.6.5 及以上版本的环境配置,如图 1-3 所示。

3.2.2　PyTorch 环境

本项目使用的深度学习框架是 PyTorch,GPU 是 NVIDIA GTX 1650,基于 CUDA10.2 和开源的 ENet 代码进行模型训练,相关配置如下。

(1) 在 cmd 命令中输入 nvidia-smi,查看本机的 CUDA 版本号。

(2) 打开 Anaconda Prompt 查看 Python 版本,依据版本创建一个虚拟环境:conda create -n *** Python=3.6(*** 代表环境的名称)。

(3) 在创建中输入 y,至此环境创建完毕。

（4）通过输入 activate ＊＊＊ 进入环境，在虚拟环境中下载比已有版本低的 CUDA，将安装代码复制到环境中：conda install pytorch torchvision torchaudio cudatoolkit＝10.2 -c pytorch。

（5）在 Python 环境下，输入 import torch 验证是否安装成功，输入 torch.＿＿version＿＿可以查看 torch 的版本号。

3.2.3　PyQt5 配置

安装 PyQt5 步骤如下。

（1）执行如下命令安装 PyQt5：pip install PyQt5；执行如下命令安装 PyQt5-tools：pip install PyQt5-tools -i https：//pypi.douban.com/simple。

（2）安装完成后配置环境变量，在 Python 的 Lib\site-packahes 目录下找到安装包，复制其目录路径后打开高级系统设置，将复制的文件夹路径添加为新的 path。

（3）配置完成后，打开命令行，输入 path 命令，可以看到设置的环境变量值，也可在 Python 环境中输入 import PyQt5，检查是否安装成功。

（4）完成上述安装后配置 PyCharm。

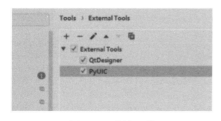

图 3-3　配置工具

（5）打开 PyCharm，单击 File→Setting→Tools→External Tools，在设置界面进入工具→外部工具，单击＋符号，配置 QtDesigner（设计师），如图 3-3 所示（用于将设计师的界面自动转换成 Python 代码）。设置 QtDesigner 时，Program 是 designer 可执行文件的路径。设置 PyUIC 时，Program 是 Python 解释器的路径。

（6）设置成功后依次单击菜单栏 Tools-External Tools→QtDesigner，弹出 QtDesigner 的界面，选择第一个带按钮的对话框测试，单击 Create 按钮，在左侧栏选择需要的工具组建 GUI 界面，完成后保存界面文件 segtable.u 到项目目录下。

（7）在目录中右击选中保存的.ui 文件，选择 External Tools 中的 PyUIC，将该文件自动生成 Python 代码的 segtable.py。

（8）在 GUI 界面实现的代码如下。

```python
from PyQt5.Qt import QImage, QPixmap
from PyQt5.QtWidgets import QMainWindow, QFileDialog
from PyQt5.QtWidgets import QApplication
from PyQt5.QtCore import QThread, pyqtSignal, Qt
if __name__ == '__main__':
    app = QApplication(sys.argv)
    myui = MyWindow()
    myui.show()
    sys.exit(app.exec())
```

3.3 模块实现

本部分包括数据准备、模型构建、模型训练、模型保存、模型测试和模型运行，下面分别给出各模块的功能介绍及相关代码。

3.3.1 数据准备

本项目使用的数据集是 matting_human_datasets，如图 3-4 所示。其中包含 34427 张图像和对应的 matting 结果图。选其中的 2671 张用作数据集，并按照 4∶1 划分训练集和测试集，相关数据见"数据集文件 3-1"。由于 matting 结果图中只将背景透明度设为 0，与语义分割所需要的输入标签不同，因此需要将 matting 图转换成单通道的标签图才可用于训练。标签图是指用数字（像素值）表示背景和人两个类别，如图 3-5 所示。

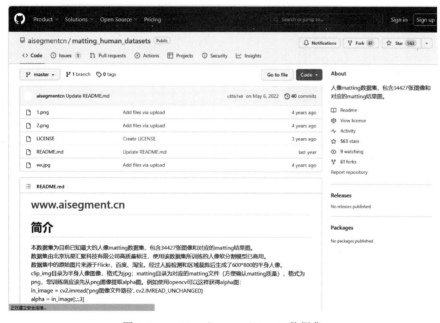

图 3-4 matting_human_datasets 数据集

matting结果图　　　　　　标签图　　　　　标签对应MASK

图 3-5 标签分类

相关代码见"代码文件 3-1"。

3.3.2 模型构建

整个网络模型由 5 种 block 分别组成 encoder 和 decoder，encoder 包含 3 个子层，decoder 包含 2 个子层，模型输入/输出尺寸相同。

初始模块由 2 个分支组成：1 个主分支执行步幅 2 的规则卷积以及 1 个执行 MaxPooling 的扩展分支，如图 3-6 所示。

常规瓶颈模块是 ENet 的组成部分，包括快捷方式连接以及扩展分支，如图 3-7 所示。

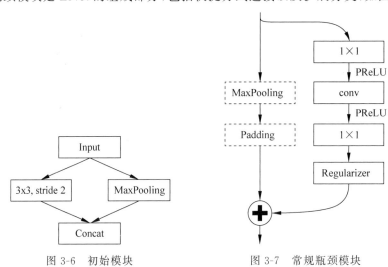

图 3-6 初始模块　　　　　　图 3-7 常规瓶颈模块

上采样瓶颈模块使用从相应的下采样瓶颈存储的最大池化索引对特征映射分辨率进行上采样。相关代码见"代码文件 3-2"。

3.3.3 模型训练

在定义架构和编译模型之后，通过训练集训练模型，实现人像抠图。这里使用训练集和测试集拟合模型。相关代码见"代码文件 3-3"。

通过观察训练集和测试集的损失值、准确率的大小评估模型的训练程度，进而确定模型训练的进一步决策。一般来说，训练集和测试集的损失函数（或准确率）不变且基本相等为模型训练的较佳状态。

3.3.4 模型保存

```
# 训练参数配置
parser = argparse.ArgumentParser(description = 'Train ENet with pytorch')
parser.add_argument('-- model_name', '- M', type = str, default = 'ENet')
parser.add_argument('-- batch_size', '- B', type = int, default = 2)
parser.add_argument('-- epoch_max', '- E', type = int, default = 120)
parser.add_argument('-- epoch_from', '- EF', type = int, default = 1)
```

```
parser.add_argument('--gpu', '-G', type = int, default = 0)
parser.add_argument('--num_workers', '-j', type = int, default = 0)
args = parser.parse_args()
#模型文件保存地址
model_dir = os.path.join(model_dir, args.model_name)
os.makedirs(model_dir, exist_ok = True)
#最后一轮模型保存地址
final_model_file = os.path.join(model_dir, 'final.pth')
#log文件保存地址
log_file = os.path.join(model_dir, 'log.txt')
print('| training % s on GPU #% d with pytorch' % (args.model_name, args.gpu))
print('| from epoch % d / % s' % (args.epoch_from, args.epoch_max))
print('| model will be saved in: % s' % model_dir)
main()
```

3.3.5　模型测试

本部分包括模型预测和前端实现。

1. 模型预测

相关代码见"代码文件 3-4"。

2. 前端实现

本部分包含 GUI 界面生成、项目主函数和独立视频窗口的生成控制。相关代码见"代码文件 3-5"。

3.3.6　模型运行

在 PyCharm 中配置 PyQt5 后,完成项目编译,运行 my_window.py,可以得到程序的原始图形界面,后续可以在该界面上单击按钮获得所选图像和视频不同的背景更换效果。其中视频也可以选择计算机的摄像头进行实时背景更换,初始界面如图 3-8 所示。

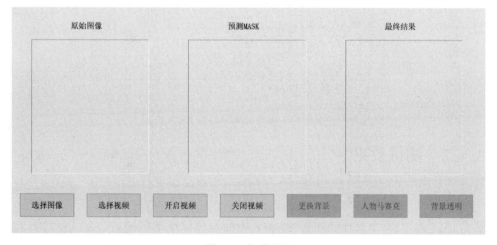

图 3-8　初始界面

3.4 系统测试

本部分包括训练准确率和测试效果。

3.4.1 训练准确率

随着训练次数的增加,模型的学习率在不断地调节,并且模型在训练数据和测试数据上的准确率逐渐收敛,趋于稳定,准确率达到99%左右,这意味着模型的预测训练比较成功。训练准确率如图 3-9 所示,模型准确率与损失值如图 3-10 所示。

```
| epo:1/100 lr:0.0100 train_loss_avg:0.6162 train_acc_avg:0.8745 | val_loss_avg:0.4742 val_acc_avg:0.9616
| epo:2/100 lr:0.0095 train_loss_avg:0.3305 train_acc_avg:0.9448 | val_loss_avg:0.3101 val_acc_avg:0.9387
| epo:3/100 lr:0.0090 train_loss_avg:0.2282 train_acc_avg:0.9615 | val_loss_avg:0.2259 val_acc_avg:0.9720
| epo:4/100 lr:0.0086 train_loss_avg:0.1914 train_acc_avg:0.9681 | val_loss_avg:0.2851 val_acc_avg:0.9814
| epo:5/100 lr:0.0081 train_loss_avg:0.1686 train_acc_avg:0.9714 | val_loss_avg:0.2350 val_acc_avg:0.9831
| epo:6/100 lr:0.0077 train_loss_avg:0.1590 train_acc_avg:0.9719 | val_loss_avg:0.1924 val_acc_avg:0.9877
| epo:7/100 lr:0.0074 train_loss_avg:0.1451 train_acc_avg:0.9743 | val_loss_avg:0.1820 val_acc_avg:0.9714
| epo:8/100 lr:0.0070 train_loss_avg:0.1377 train_acc_avg:0.9750 | val_loss_avg:0.1601 val_acc_avg:0.9793
| epo:9/100 lr:0.0066 train_loss_avg:0.1306 train_acc_avg:0.9769 | val_loss_avg:0.1648 val_acc_avg:0.9783
| epo:10/100 lr:0.0063 train_loss_avg:0.1274 train_acc_avg:0.9768 | val_loss_avg:0.1446 val_acc_avg:0.9825
| epo:11/100 lr:0.0060 train_loss_avg:0.1197 train_acc_avg:0.9786 | val_loss_avg:0.1324 val_acc_avg:0.9812
| epo:12/100 lr:0.0057 train_loss_avg:0.1179 train_acc_avg:0.9789 | val_loss_avg:0.1432 val_acc_avg:0.9914
```

图 3-9　训练准确率

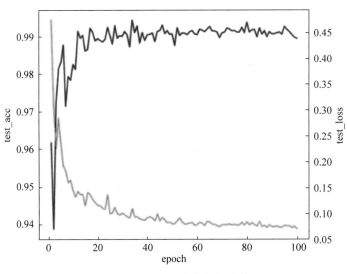

图 3-10　模型准确率与损失值

3.4.2 测试效果

将测试集的图像或者视频输入模型进行测试,分类的标签与原始图像、视频进行显示并对比。

如图 3-11 所示,左边为原始图像(视频),中间为经过模型预测后的 MASK 图,右边为通过预测 MASK 将原始图像的背景更改。

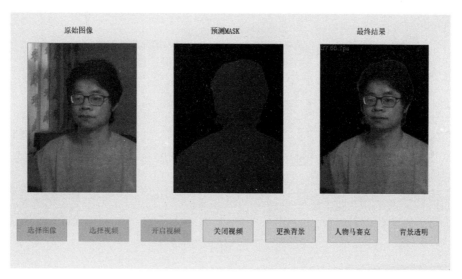

图 3-11 视频模型训练效果

更换视频背景效果如图 3-12 所示(包含独立小窗口),视频人像马赛克效果如图 3-13 所示(包含独立小窗口),视频背景透明效果如图 3-14 所示(包含独立小窗口)。

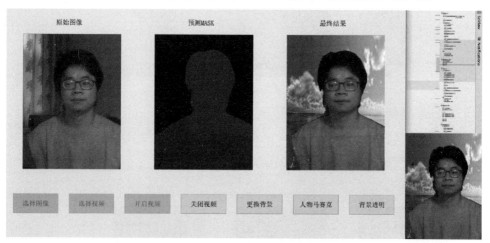

图 3-12 更换视频背景效果

界面第一行从左到右为原始图像→预测 MASK→最终结果;第二行为上述三者相应的图像或者视频;第三行为选择图像、选择视频、开启视频、关闭视频等按钮。

当选择图像或者视频时,先进行预测,得到预测 MASK 及最终结果,能够初步从图形上观察到图像或者视频人像抠图的效果,如图 3-15 所示。其中,当选择视频进行人像抠图时,还会生成一个独立的视频窗口显示预测后的结果,在更换背景时同样会显示。

当预测新的视频或者图像时,只需要重新选择即可;如用摄像头拍摄视频作为原始视频时,只需要单击开启视频按钮,使用完毕则单击关闭视频按钮,然后进行其他操作。

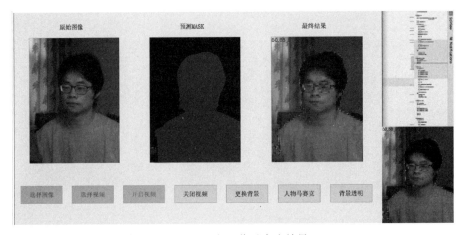

图 3-13 视频人像马赛克效果

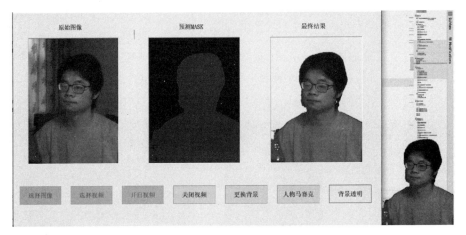

图 3-14 视频背景透明效果

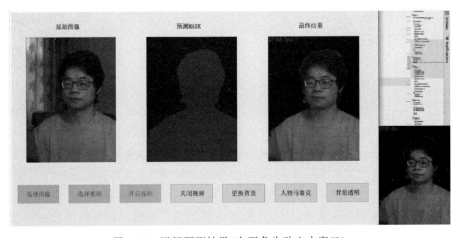

图 3-15 视频预测结果(右下角为独立小窗口)

项目 4

车辆信息识别

本项目通过图像预处理、特征提取和车牌字符识别等技术,实现车辆信息识别。

4.1 总体设计

本部分包括整体框架和系统流程。

4.1.1 整体框架

整体框架如图 4-1 所示。

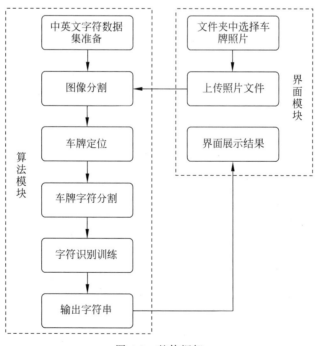

图 4-1 整体框架

4.1.2 系统流程

车牌识别步骤如下。

(1) 车牌定位：定位图像中的车牌位置。对采集到的视频图像进行大范围搜索，找到符合汽车车牌特征的若干区域并进行评判，选定一个最佳的区域作为车牌区域后将其从图像中分离出来。

(2) 车牌字符分割：将车牌中的字符进行分割。完成车牌区域的定位后，对车牌区域分割成单个字符进行识别。实践证明，采用垂直投影法对复杂环境下的汽车图像中的字符分割有较好的效果。

(3) 车牌字符识别：将分割好的字符进行识别，最终组成车牌号码。一是使用模板匹配算法将分割后的字符二值化；二是将其大小缩放为与字符数据库中模板的大小相同，然后与所有的模板进行匹配；三是基于人工神经网络的算法直接由网络自动实现特征提取直至识别出结果。

系统流程如图 4-2 所示。

图 4-2 系统流程

4.2 运行环境

(1) 在 Windows 环境下下载 Anaconda，完成 Python 3.8 及以上版本的环境配置，如图 1-3 所示。

（2）需要的库最低版本分别为 opencv3.4、numpy1.14、PIL5、opencv4.6、numpy1.23 和 PIL9.3。

4.3 模块实现

本部分包括车牌字符分割、训练数据和车牌字符识别。下面分别给出各模块的功能介绍及相关代码。

4.3.1 车牌字符分割

设定阈值和图像直方图，找出波峰，波峰用于分割字符和图像，相关代码如下。

```python
def find_waves(threshold, histogram):
    up_point = -1 #上升点
    is_peak = False
    if histogram[0] > threshold:
        up_point = 0
        is_peak = True
    wave_peaks = []
    for i,x in enumerate(histogram):
        if is_peak and x < threshold:
            if i - up_point > 2:
                is_peak = False
                wave_peaks.append((up_point, i))
        elif not is_peak and x >= threshold:
            is_peak = True
            up_point = i
        if is_peak and up_point != -1 and i - up_point > 4:
            wave_peaks.append((up_point, i))
    return wave_peaks
def seperate_card(img, waves):
    part_cards = []
    for wave in waves:
        part_cards.append(img[:, wave[0]:wave[1]])
    return part_cards
```

4.3.2 训练数据

通过 opencv 的 sample 训练 svm，实现对车牌字符图像的识别，相关代码见"代码文件 4-1"。

4.3.3 车牌字符识别

对车牌的定位与字符图像分割后，将字符图像转换为字符串输出，完成车牌的识别。在字符识别中，要同时区分和识别汉字、数字及大写英文字符，而且还要去除分割号和车牌上的背景干扰。相关代码见"代码文件 4-2"。

车牌识别完整代码见"代码文件 4-3"。

4.4　系统测试

运行前端文件初始界面,如图 4-3 所示;单击来自图片按钮,在文件夹中选择车牌图片,如图 4-4 所示;如需继续识别其他车牌,可重复上述操作,识别结果如图 4-5 所示;车头结果如图 4-6 所示;车尾结果如图 4-7 所示;黄色车牌如图 4-8 所示;绿色车牌如图 4-9 所示。

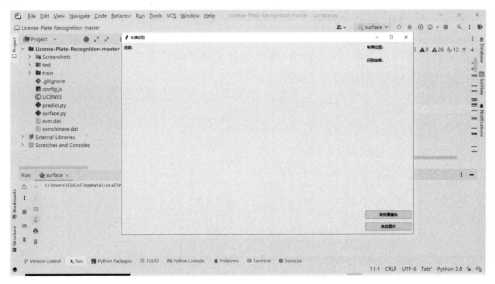

图 4-3　初始界面

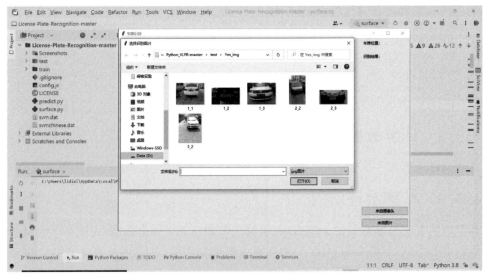

图 4-4　选择车牌图片

图 4-5　识别结果

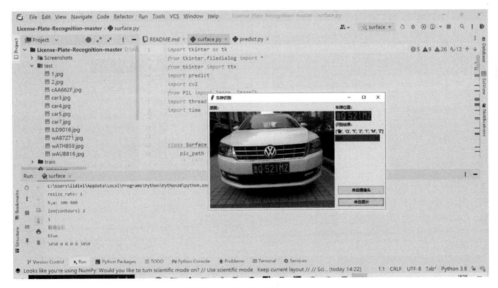

图 4-6　蓝色车牌（车头）

图 4-7　蓝色车牌（车尾）

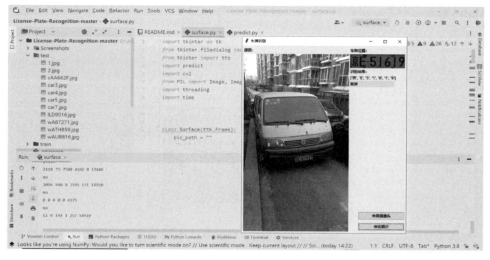

图 4-8　黄色车牌

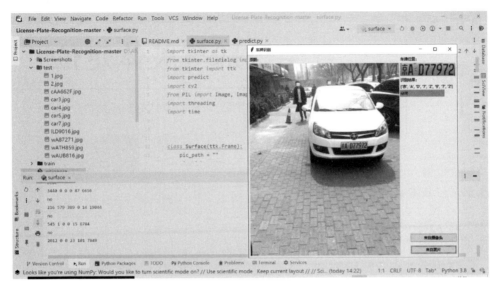

图 4-9 绿色车牌

项目 5　骨架识别与肢体定位

本项目根据 MediaPipe 和 Openpose 具备单独提取能力和速度快的特点,进行动/静态的骨架识别与肢体定位。

5.1　总体设计

本部分包括整体框架和系统流程。

5.1.1　整体框架

整体框架如图 5-1 所示。

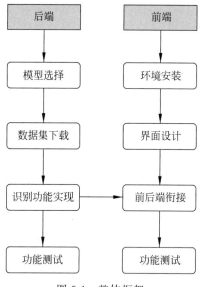

图 5-1　整体框架

5.1.2　系统流程

系统流程如图 5-2 所示。

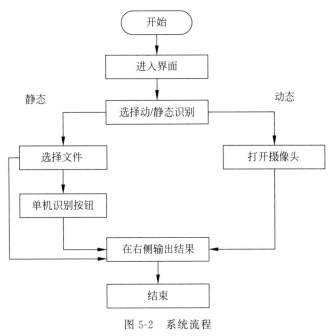

图 5-2　系统流程

5.2　运行环境

本部分包括 Python 环境、Openpose 环境和 PyQt6 环境。

5.2.1　Python 环境

在 Windows 环境下下载 Anaconda,完成 Python 3.9 以上版本的环境配置,如图 1-3 所示,也可以下载虚拟机在 Linux 环境下运行代码。

5.2.2　Openpose 环境

(1)下载开源项目,如图 5-3 所示。

(2)进入 ..\openpose-master\models 目录,运行 getModels.bat。

(3)等待加载模型 pose_iter_584000.caffemodel。时间较长,如果中途中断,重新双击运行 getModels.bat 即可,完整加载模型大小是 100MB。

(4)保存位置如下:

..\openpose-master\models\pose/mpi/pose_iter_160000.caffemodelOpenPose

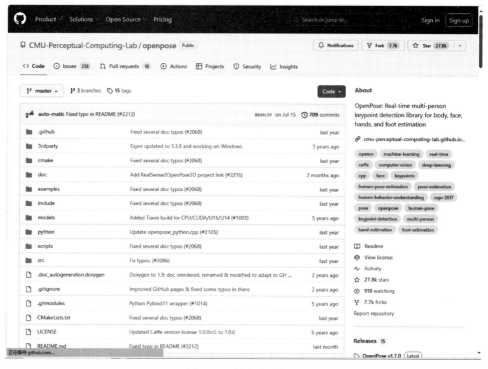

图 5-3　开源项目界面

（5）使用 pip 安装所需的包。

```
pip install opencv2
pip install matplotlib
pip install mediapipe
```

5.2.3　PyQt6 环境

（1）在 Anaconda 中如果没有 PyQt6，需要使用 pip 进行安装，步骤如下：打开
Anaconda Prompt（Anaconda3）控制台，切换至相应的 conda 环境，执行如下命令：

```
pip install sip
pip install PyQt6
pip install PyQt6 - tools
```

（2）可以在使用 pip 时后面加上参数 i，指定 pip 源。

5.3　模块实现

本部分包括静态识别、动态识别和模块展示，下面分别给出各模块的功能介绍及相关
代码。

5.3.1　静态识别

静态识别结构如图 5-4 所示。

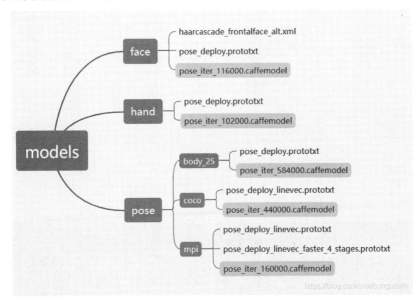

图 5-4　静态识别结构

通过 Openpose 中带有 pose 的识别数据集，可以在同一张图像中对脸、手和骨架进行识别，还能输出对应的关键点热力图，相关代码见"代码文件 5-1"。

5.3.2　动态识别

动态识别使用 mediapipe 更加轻量化，在安装过程中并没有预安装数据集的过程，因此实现起来接近 API 的调用，相关代码见"代码文件 5-2"。

5.3.3　模块展示

界面设计包括四个按键：选择图像、运行静态识别输出结果、开启摄像头并进行动态识别和关闭摄像头。moving.py 负责动态识别、single.py 负责静态识别、main.py 负责对界面数据槽关系进行绑定，相关代码见"代码文件 5-3"。

5.4　系统测试

静态识别可以在输入图像、选择模型后显示识别结果和特征点，如图 5-5 所示；动态识别通过 cap 输入图像流，然后可以在图像上绘出关键点，达到即时识别的结果，如图 5-6 所示；界面识别结果如图 5-7 所示。

图 5-5　静态识别结果和热力图

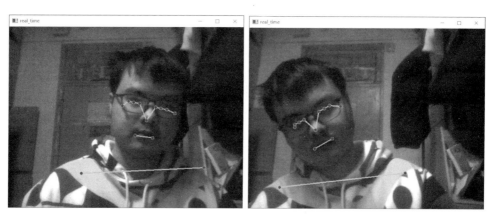

图 5-6　动态识别结果

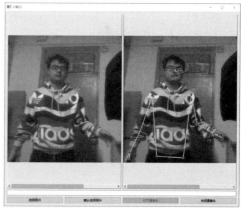

图 5-7　界面识别结果

项目 6

生成古诗与歌词

本项目基于循环神经网络,构建多层 RNN 模型,通过数据集的训练,生成藏头诗与歌词。

6.1 总体设计

本部分包括整体框架和系统流程。

6.1.1 整体框架

古诗生成整体框架如图 6-1 所示,歌词生成整体框架如图 6-2 所示。

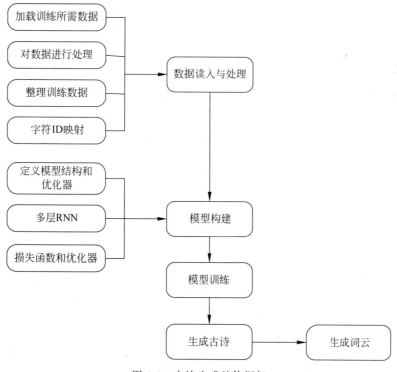

图 6-1 古诗生成整体框架

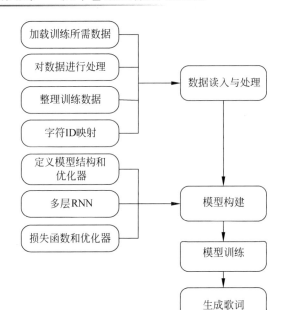

图 6-2　歌词生成整体框架

6.1.2　系统流程

古诗生成系统流程如图 6-3 所示,歌词生成系统流程如图 6-4 所示。

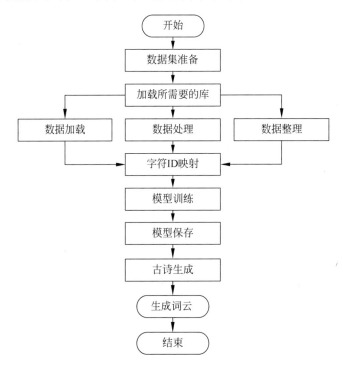

图 6-3　古诗生成系统流程

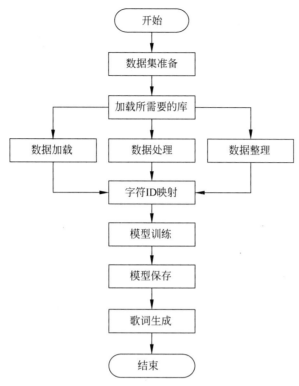

图 6-4　歌词生成系统流程

6.2　运行环境

本部分包括 Python 环境、TensorFlow 环境和 PyCharm 环境。

6.2.1　Python 环境

在 Windows 环境下下载 Anaconda，完成 Python 3.7.3 及以上版本的环境配置，如图 1-3 所示，在 PyCharm 环境下进行开发。

6.2.2　TensorFlow 环境

（1）打开 Anaconda Prompt，输入清华仓库镜像。

```
conda config -- add channels
https://mirrors.tuna.tsinghua.edu.cn/anaconda/pkgs/free/
conda config - set show_channel_urls yes
```

（2）创建 Python 3.7 环境，名称为 TensorFlow，此时 Python 版本和后面 TensorFlow 的版本如有匹配问题，此步选择 Python 3.x。

```
conda create - n tensorflow python = 3.7
```

（3）有需要确认的地方都输入 y。

（4）在 Anaconda Prompt 中激活 TensorFlow 环境：

```
activate tensorflow
```

（5）安装 CPU 版本的 TensorFlow：

```
pip install - upgrade -- ignore - installed tensorflow
```

6.2.3　PyCharm 环境

PyCharm 版本为 PyCharm 2018。

6.3　模块实现

本部分包括数据准备、模型构建、模型训练及保存、生成歌词，下面分别给出各模块的功能介绍及相关代码。

6.3.1　数据准备

本部分包括加载所需要的库与数据、数据处理和整理训练数据，如图 6-5 所示。

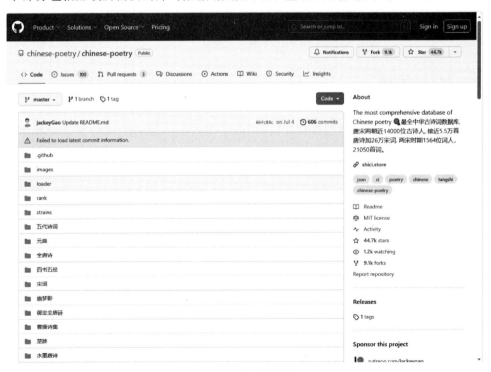

图 6-5　诗词数据集

1．加载库与数据

相关代码如下。

```
import tensorflow as tf
import numpy as np
import glob
import json
from collections import Counter
from tqdm import tqdm
from snownlp import SnowNLP                              #主要实现繁体字转简体字
poets = []
paths = glob.glob('chinese-poetry/json/poet.*.json')     #加载数据
```

训练古诗数据的具体样式如图 6-6 所示。

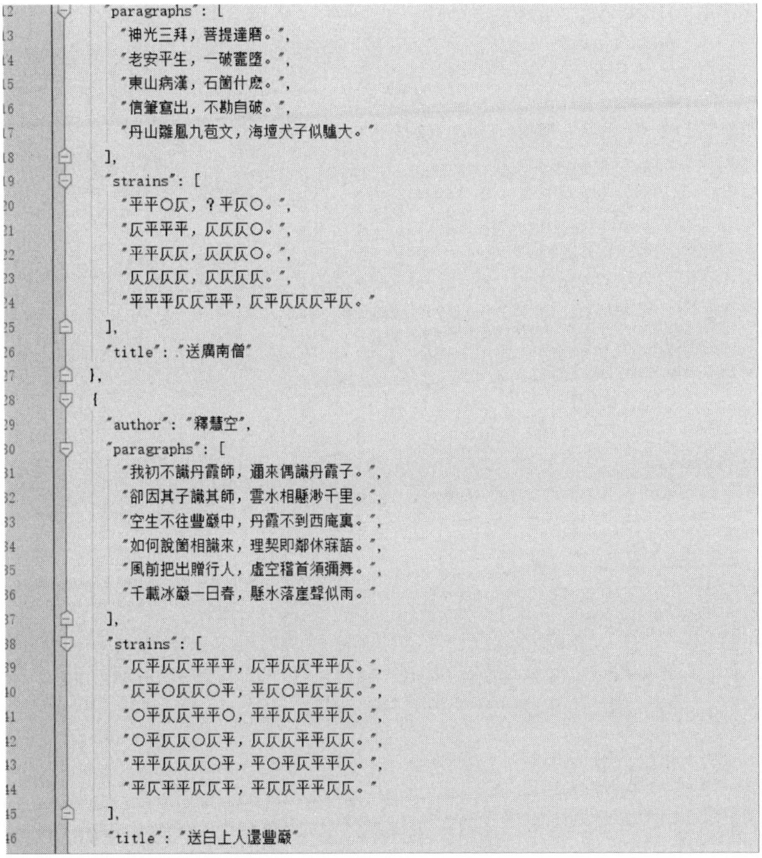

图 6-6　训练古诗数据样式

2．数据处理

相关代码如下。

```
for path in paths:
    data = open(path, 'r').read()
```

```
        data = json.loads(data)                              #将字符串加载成字典
        for item in data:
            content = ''.join(item['paragraphs'])            #将正文取出拼接到一起
            if len(content) >= 24 and len(content) <= 32:    #取长度合适的诗
                content = SnowNLP(content)
                poets.append('[' + content.han + ']')        #如果是繁体,需要转为简体
poets.sort(key = lambda x: len(x))                           #按照诗的长度排序
```

3．整理训练数据

相关代码如下。

```
batch_size = 64
X_data = []
Y_data = []
for b in range(len(poets) // batch_size):                   #分批次
    start = b * batch_size                                  #开始位置
    end = b * batch_size + batch_size                       #结束位置
    batch = [[char2id[c] for c in poets[i]] for i in range(start, end)]
#两层循环每首诗的每个字转换成序列再迭代
    maxlen = max(map(len, batch))                           #当前最长的诗为多少字
    X_batch = np.full((batch_size, maxlen - 1), 0, np.int32) #用零填充
Y_batch = np.full((batch_size, maxlen - 1), 0, np.int32)    #用零填充
    for i in range(batch_size):
        X_batch[i, :len(batch[i]) - 1] = batch[i][:-1]      #不要每首诗的最后一个字
        Y_batch[i, :len(batch[i]) - 1] = batch[i][1:]       #不要每首诗的第一个字
    X_data.append(X_batch)
    Y_data.append(Y_batch)
#整理字符与 ID 之间的映射
chars = []
for item in poets:
    chars += [c for c in item]
chars = sorted(Counter(chars).items(), key = lambda x:x[1], reverse = True)
print('共 %d 个不同的字' % len(chars))
print(chars[:10])
#空位为了特殊字符
chars = [c[0] for c in chars]
char2id = {c: i + 1 for i, c in enumerate(chars)}           #构造字符与 ID 的映射
id2char = {i + 1: c for i, c in enumerate(chars)}           #构造 ID 与字符的映射
```

6.3.2　模型构建

数据加载进模型之后,需要定义结构、使用多层 RNN、定义损失函数和优化器。

1．定义结构

相关代码如下。

```
hidden_size = 256                                           #隐藏层大小
num_layer = 2
embedding_size = 256
#占位
```

```
X = tf.placeholder(tf.int32, [batch_size, None])
Y = tf.placeholder(tf.int32, [batch_size, None])
learning_rate = tf.Variable(0.0, trainable = False)        #定义学习率,不可训练
```

2. 使用多层 RNN

相关代码如下。

```
cell = tf.nn.rnn_cell.MultiRNNCell(
    [tf.nn.rnn_cell.BasicLSTMCell(hidden_size, state_is_tuple = True) for i in range(num_layer)],
    state_is_tuple = True)
initial_state = cell.zero_state(batch_size, tf.float32)    #全零初始状态
embeddings = tf.Variable(tf.random_uniform([len(char2id) + 1, embedding_size], -1.0, 1.0))
embedded = tf.nn.embedding_lookup(embeddings, X)           #得到嵌入后的结果
outputs, last_states = tf.nn.dynamic_rnn(cell, embedded, initial_state = initial_state)
outputs = tf.reshape(outputs, [-1, hidden_size])           #改变形状
logits = tf.layers.dense(outputs, units = len(char2id) + 1)
logits = tf.reshape(logits, [batch_size, -1, len(char2id) + 1])
probs = tf.nn.softmax(logits)                              #得到概率
```

3. 定义损失函数和优化器

相关代码如下。

```
loss = tf.reduce_mean(tf.contrib.seq2seq.sequence_loss(logits, Y, tf.ones_like(Y, dtype =
tf.float32)))        #求出损失
params = tf.trainable_variables()
grads, _ = tf.clip_by_global_norm(tf.gradients(loss, params), 5)
#进行梯度截断操作
optimizer = tf.train.AdamOptimizer(learning_rate).apply_gradients(zip(grads, params))
#得到优化器
```

6.3.3　模型训练及保存

在定义模型架构和编译后,通过训练集训练模型并生成古诗。这里,使用训练集和测试集拟合且保存模型。

1. 模型训练

相关代码如下。

```
sess = tf.Session()
sess.run(tf.global_variables_initializer())
 for epoch in range(50):
    sess.run(tf.assign(learning_rate, 0.002 * (0.97 ** epoch)))      #指数衰减
    data_index = np.arange(len(X_data))
    np.random.shuffle(data_index)                                    #每一轮迭代数据打乱
    X_data = [X_data[i] for i in data_index]
    Y_data = [Y_data[i] for i in data_index]
    losses = []
    for i in tqdm(range(len(X_data))):
 ls_, _ = sess.run([loss, optimizer], feed_dict = {X: X_data[i], Y: Y_data[i]})
        losses.append(ls_)
```

2. 模型保存

相关代码如下。

```
saver = tf.train.Saver()
saver.save(sess, './poet_generation_tensorflow')
import pickle
with open('dictionary.pkl', 'wb') as fw:
    pickle.dump([char2id, id2char], fw)              #保存成 pickle 文件
```

模型被保存后,可以被重用,也可以移植到其他环境中使用。

6.3.4　使用模型生成古诗

本部分包括加载资源、重新定义网络、使用多层 RNN、定义损失函数和优化器、生成古诗。

1. 加载资源

相关代码如下。

```
import tensorflow as tf
import numpy as np
import pickle
#加载模型
with open('dictionary.pkl', 'rb') as fr:
    [char2id, id2char] = pickle.load(fr)
```

2. 重新定义网络

相关代码如下。

```
batch_size = 1
hidden_size = 256                                   #隐藏层大小
num_layer = 2
embedding_size = 256
#占位操作
X = tf.placeholder(tf.int32, [batch_size, None])
Y = tf.placeholder(tf.int32, [batch_size, None])
learning_rate = tf.Variable(0.0, trainable = False)
```

3. 使用多层 RNN

相关代码如下。

```
cell = tf.nn.rnn_cell.MultiRNNCell(
    [tf.nn.rnn_cell.BasicLSTMCell(hidden_size, state_is_tuple = True) for i in range(num_
layer)],
    state_is_tuple = True)
initial_state = cell.zero_state(batch_size, tf.float32)         #初始化
embeddings = tf.Variable(tf.random_uniform([len(char2id) + 1, embedding_size], - 1.0, 1.0))
embedded = tf.nn.embedding_lookup(embeddings, X)
outputs, last_states = tf.nn.dynamic_rnn(cell, embedded, initial_state = initial_state)
outputs = tf.reshape(outputs, [ - 1, hidden_size])
```

```
logits = tf.layers.dense(outputs, units = len(char2id) + 1)
probs = tf.nn.softmax(logits)                              #得到概率
targets = tf.reshape(Y, [-1])
```

4. 定义损失函数和优化器

相关代码如下。

```
loss = tf.reduce_mean(tf.nn.sparse_softmax_cross_entropy_with_logits(logits = logits,
labels = targets))
params = tf.trainable_variables()
grads, _ = tf.clip_by_global_norm(tf.gradients(loss, params), 5)
optimizer = tf.train.AdamOptimizer(learning_rate).apply_gradients(zip(grads, params))
sess = tf.Session()
sess.run(tf.global_variables_initializer())               #得到初始状态
saver = tf.train.Saver()
saver.restore(sess, tf.train.latest_checkpoint('./'))
```

5. 生成古诗

相关代码如下。

```
def generate():
    states_ = sess.run(initial_state)
    gen = ''
    c = '['
    while c != ']'
        gen += c
        x = np.zeros((batch_size, 1))
        x[:, 0] = char2id[c]
        probs_, states_ = sess.run([probs, last_states], feed_dict = {X: x, initial_state: states_})
                                                          #得到状态与概率
        probs_ = np.squeeze(probs_)                       #去掉维度
        pos = int(np.searchsorted(np.cumsum(probs_), np.random.rand() * np.sum(probs_)))
                                                          #根据概率分布产生一个整数
        c = id2char[pos]
    return gen[1:]
```

6.3.5 产生藏头诗

相关代码如下。

```
def generate_with_head(head):
    states_ = sess.run(initial_state)
    gen = ''
    c = '['
    i = 0
    while c != ']':
        gen += c
        x = np.zeros((batch_size, 1))
        x[:, 0] = char2id[c]
        probs_, states_ = sess.run([probs, last_states], feed_dict = {X: x, initial_state: states_})
```

```
        probs_ = np.squeeze(probs_)
        pos = int(np.searchsorted(np.cumsum(probs_), np.random.rand() * np.sum(probs_)))
        if (c == '[' or c == '.' or c == ',') and i < len(head):
            #判断为第一个字的条件
            c = head[i]
            i += 1
        else:
            c = id2char[pos]
 return gen[1:]
#将结果写入文件中
f = open('guhshiwordcloud.txt', 'w', encoding = 'utf - 8')
f.write(generate())
f.write(generate_with_head('天地玄黄'))
f.write(generate_with_head('宇宙洪荒'))
f.write(generate_with_head('寒来暑往'))
f.close()
```

6.3.6 用词云展示生成的古诗

本部分包括加载所需的库、打开生成的古诗文件、提取关键词和权重、生成对象、从图像中生成需要的颜色、显示词云和保存图像。

1. 加载所需的库

相关代码如下。

```
from wordcloud import WordCloud, ImageColorGenerator
from PIL import Image
import numpy as np
import matplotlib.pyplot as plt
import jieba.analyse
```

2. 打开生成的古诗文件

相关代码如下。

```
text = open('guhshiwordcloud.txt', 'r', encoding = 'UTF - 8').read()
```

3. 提取关键词和权重

相关代码如下。

```
freq = jieba.analyse.extract_tags(text, topK = 200, withWeight = True)
#权重控制关键词在词云里面的大小
print(freq[:20])                                #输出前 20 个
freq = {i[0]: i[1] for i in freq}               #转成字典
```

4. 生成对象

相关代码如下。

```
mask = np.array(Image.open("color_mask.png"))       #以图像为参考
wc = WordCloud(mask = mask, font_path = 'Hiragino.ttf', mode = 'RGBA', background_color = None).
generate_from_frequencies(freq)
```

5．从图像中生成需要的颜色

相关代码如下。

```
image_colors = ImageColorGenerator(mask)
wc.recolor(color_func = image_colors)
```

6．显示词云

相关代码如下。

```
plt.imshow(wc, interpolation = 'bilinear')          # 设定插值形式
plt.axis("off")                                     # 无坐标轴
plt.show()
```

7．保存图像

相关代码如下。

```
wc.to_file('gushiwordcloud.png')
```

6.4　歌词生成

本部分包括数据准备、模型构建、模型训练及保存、生成歌词，下面分别给出各模块的相关代码。

6.4.1　数据准备

相关代码如下。

```
# 首先加载相应的库
from keras.models import Sequential
from keras.layers import Dense, LSTM, Embedding
from keras.callbacks import LambdaCallback
import numpy as np
import random
import sys
import pickle
sentences = []
# 读取训练所需数据并进行预处理
with open('../lyrics.txt', 'r', encoding = 'utf8') as fr:       # 读取歌词文件
    lines = fr.readlines()                                      # 逐行读取
    for line in lines:
        line = line.strip()                                     # 去掉空格字符
        count = 0
        for c in line:
            if (c >= 'a' and c <= 'z') or (c >= 'A' and c <= 'Z'):
                count += 1                                      # 统计英文字符个数
        if count / len(line) < 0.1:                             # 筛选
            sentences.append(line)
```

```python
# 整理字符和 ID 之间的映射
chars = {}
for sentence in sentences:
    for c in sentence:
        chars[c] = chars.get(c, 0) + 1
chars = sorted(chars.items(), key = lambda x:x[1], reverse = True)
chars = [char[0] for char in chars]
vocab_size = len(chars)
char2id = {c: i for i, c in enumerate(chars)}
id2char = {i: c for i, c in enumerate(chars)}
with open('dictionary.pkl', 'wb') as fw:
    pickle.dump([char2id, id2char], fw)
```

6.4.2　模型构建

相关代码如下。

```python
maxlen = 10
step = 3
embed_size = 128
hidden_size = 128
vocab_size = len(chars)
batch_size = 64
epochs = 20
X_data = []
Y_data = []
for sentence in sentences:
    for i in range(0, len(sentence) − maxlen, step):
        # 根据前面的字来预测后面一个字
        X_data.append([char2id[c] for c in sentence[i: i + maxlen]])
        y = np.zeros(vocab_size, dtype = np.bool)
        y[char2id[sentence[i + maxlen]]] = 1
        Y_data.append(y)
        X_data = np.array(X_data)
        Y_data = np.array(Y_data)
        print(X_data.shape, Y_data.shape)
# 定义序列模型
model = Sequential()
model.add(Embedding(input_dim = vocab_size, output_dim = embed_size, input_length = maxlen))
model.add(LSTM(hidden_size, input_shape = (maxlen, embed_size)))
model.add(Dense(vocab_size, activation = 'softmax'))
model.compile(loss = 'categorical_crossentropy', optimizer = 'adam')
# 定义序列样本生成函数
def sample(preds, diversity = 1.0):
    preds = np.asarray(preds).astype('float64')
    preds = np.log(preds + 1e − 10) / diversity          # 取对数
    exp_preds = np.exp(preds)
```

```
        preds = exp_preds / np.sum(exp_preds)
        probas = np.random.multinomial(1, preds, 1)
        return np.argmax(probas)                            #取最大的值获得生成的字
#定义每轮训练后的回调函数
def on_epoch_end(epoch, logs):
    print('-' * 30)
    print('Epoch', epoch)
    index = random.randint(0, len(sentences))               #随机选取一句
    for diversity in [0.2, 0.5, 1.0]:
        print('----- diversity:', diversity)
        sentence = sentences[index][:maxlen]                #随机选一首歌将前十个字取出
        print('----- Generating with seed: ' + sentence)
        sys.stdout.write(sentence)
        for i in range(400):
            x_pred = np.zeros((1, maxlen))
            for t, char in enumerate(sentence):
                x_pred[0, t] = char2id[char]                #将x相应位置的值改为ID
            preds = model.predict(x_pred, verbose = 0)[0]
            next_index = sample(preds, diversity)
            next_char = id2char[next_index]                 #将下个字取出
            sentence = sentence[1:] + next_char
            sys.stdout.write(next_char)
            sys.stdout.flush()
```

6.4.3　模型训练及保存

相关代码如下。

```
model.fit(X_data, Y_data, batch_size = batch_size, epochs = epochs, callbacks =
[LambdaCallback(on_epoch_end = on_epoch_end)])
model.save('song.h5')
```

6.4.4　生成歌词

在已经生成模型的基础上,提供一句起始句后生成歌词。

```
#导入所需要的库
from keras.models import load_model
import numpy as np
import pickle
import sys
maxlen = 10
model = load_model('song.h5')                               #加载使用上一段代码生成的模型
with open('dictionary.pkl', 'rb') as fr:                    #打开.pkl文件
    [char2id, id2char] = pickle.load(fr)
#定义序列样本生成函数
def sample(preds, diversity = 1.0):
    preds = np.asarray(preds).astype('float64')
    preds = np.log(preds + 1e-10) / diversity               #使用对数
```

```
    exp_preds = np.exp(preds)
    preds = exp_preds / np.sum(exp_preds)
    probas = np.random.multinomial(1, preds, 1)
    return np.argmax(probas)                          # 最大的概率
# 提供一句起始歌词
sentence = '天地玄黄宇宙洪荒'
sentence = sentence[:maxlen]                          # 不能超过最大长度
diversity = 1.0
print('----- Generating with seed: ' + sentence)
print('----- diversity:', diversity)
sys.stdout.write(sentence)
for i in range(400):  # 迭代 400 次
    x_pred = np.zeros((1, maxlen))                    # 初始化为 0
    for t, char in enumerate(sentence):
        x_pred[0, t] = char2id[char]
     preds = model.predict(x_pred, verbose = 0)[0]
    next_index = sample(preds, diversity)
    next_char = id2char[next_index]                   # 将下个字取出
    sentence = sentence[1:] + next_char
    sys.stdout.write(next_char)
    sys.stdout.flush()
```

6.5 系统测试

本部分包括生成古诗和藏头诗、生成歌词两部分的系统测试。

6.5.1 生成古诗和藏头诗

本部分包括训练古诗生成的模型、生成古诗、生成藏头诗、生成词云。

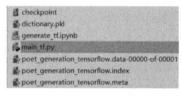

图 6-7 训练生成的模型

1. 训练古诗生成的模型

模型保存在相应文件中供后续代码使用,如图 6-7 所示。

2. 生成古诗

使用前面代码训练保存的模型生成四句七言律诗,如图 6-8 所示。

3. 生成藏头诗

使用前面代码训练保存的模型生成藏头诗,输入"天地玄黄",如图 6-9 所示。

图 6-8 古诗生成结果　　　　　　　　　图 6-9 "天地玄黄"藏头诗结果

输入"宇宙洪荒",如图 6-10 所示。

输入"寒来暑往",如图 6-11 所示。

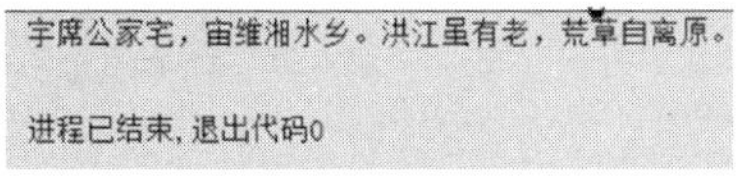

宇席公家宅,宙维湘水乡。洪江虽有老,荒草自离原。

进程已结束,退出代码0

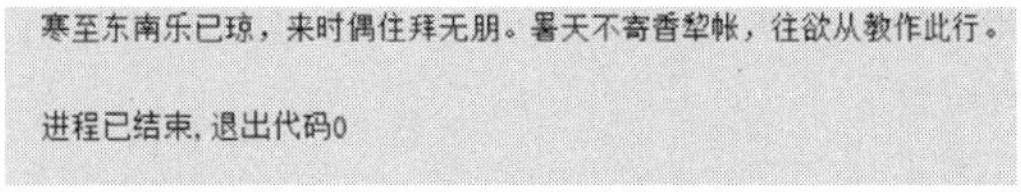

寒至东南乐已琼,来时偶住拜无朋。暑天不寄香絮帐,往欲从教作此行。

进程已结束,退出代码0

图 6-10　"宇宙洪荒"藏头诗结果　　　　图 6-11　"寒来暑往"藏头诗结果

4. 生成词云

生成一首普通古诗和三首藏头诗保存在文件中用来生成词云,分别如图 6-12 和图 6-13 所示。

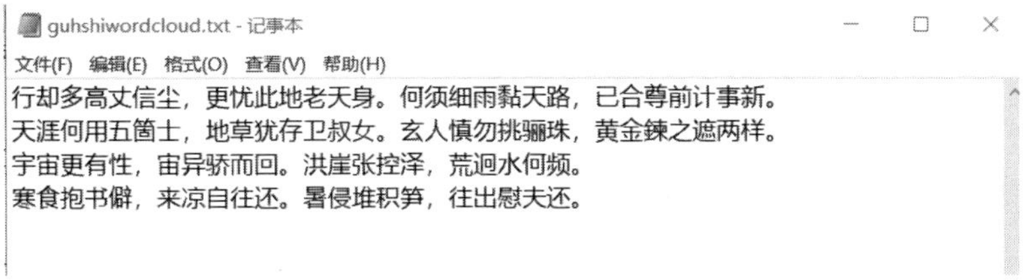

guhshiwordcloud.txt - 记事本　　　　　　　　　—　□　×

文件(F)　编辑(E)　格式(O)　查看(V)　帮助(H)

行却多高丈信尘,更忧此地老天身。何须细雨黏天路,已合尊前计事新。
天涯何用五箇士,地草犹存卫叔女。玄人慎勿挑骊珠,黄金鍊之遮两样。
宇宙更有性,宙异骄而回。洪崖张控泽,荒迥水何频。
寒食抱书僻,来凉自往还。暑侵堆积笋,往出慰夫还。

(a)

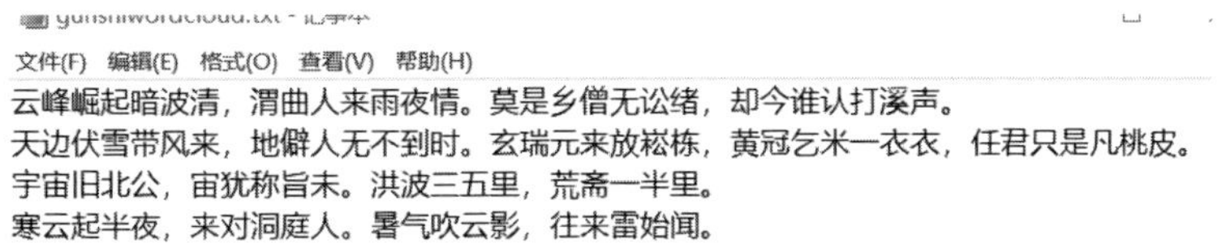

guhshiwordcloud.txt - 记事本

文件(F)　编辑(E)　格式(O)　查看(V)　帮助(H)

云峰崛起暗波清,渭曲人来雨夜情。莫是乡僧无讼绪,却今谁认打溪声。
天边伏雪带风来,地僻人无不到时。玄瑞元来放崧栋,黄冠乞米一衣衣,任君只是凡桃皮。
宇宙旧北公,宙犹称旨末。洪波三五里,荒斋一半里。
寒云起半夜,来对洞庭人。暑气吹云影,往来雷始闻。

(b)

图 6-12　生成词云的文件内容

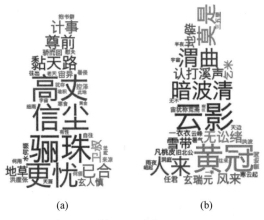

(a)　　　　　　　　　　(b)

图 6-13　词云

6.5.2 生成歌词

模型保存在相应文件中供后续使用,训练生成模型如图 6-14 所示,生成歌词结果如图 6-15 所示。

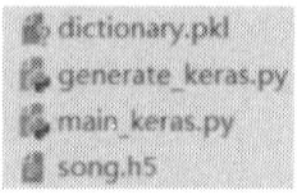

图 6-14 训练生成模型

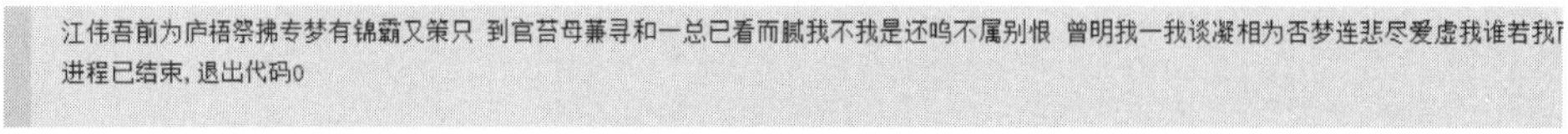

> 江伟吾前为庐梧祭拂专梦有锦霸又策只 到宫苔母萧寻和一总已看而腻我不我是还呜不属别恨 曾明我一我谈凝相为否梦连悲尽爱虚我谁若我而
> 进程已结束,退出代码0

图 6-15 生成歌词结果

项目 7

车牌分割与识别

本项目通过机器学习算法,实现车牌的分割与识别。

7.1　总体设计

本部分包括整体框架和系统流程。

7.1.1　整体框架

整体框架如图 7-1 所示。

7.1.2　系统流程

系统流程如图 7-2 所示。

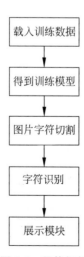

图 7-1　整体框架

图 7-2　系统流程

7.2　运行环境

在 Windows 环境下下载 Anaconda，完成 Python 3.7 版本的环境配置，如图 1-3 所示，也可以下载虚拟机在 Linux 环境下运行代码。

7.3　模块实现

本部分包括模型训练、模型预测和模型展示。下面分别给出各模块的功能介绍及相关代码。

7.3.1　模型训练

将千张大小为 20×20 的不同写法的数字 0～9、省份汉字和 26 个英文字母的图像作为训练集，如图 7-3 所示。

图 7-3　车牌识别训练集

1．定义模型

使用支持向量机算法进行训练和识别，建立 SVM 类，用于定义各种参数和函数，相关代码如下。

```
class SVM(StatModel):
    def __init__(self, C = 1, gamma = 0.5):
        self.model = cv2.ml.SVM_create()              #生成一个 SVM 模型
        self.model.setGamma(gamma)                    #设置 Gamma 参数,demo 中是 0.5
        self.model.setC(C)                            #设置惩罚项为 1
        self.model.setKernel(cv2.ml.SVM_RBF)          #设置核函数
        self.model.setType(cv2.ml.SVM_C_SVC)          #设置 SVM 类型:SVC 是分类模型,SVR 是回归模型
                                                      #训练 SVM
    def train(self, samples, responses):
        self.model.train(samples, cv2.ml.ROW_SAMPLE, responses)    #训练
    #字符识别
    def predict(self, samples):
        r = self.model.predict(samples)               #预测
        return r[1].ravel()
```

2. 图像处理

训练模型前需要将所给的训练集进行修正预处理,以保证其大小、方向符合 SVM 函数的训练要求,相关代码如下。

```
def deskew(img):                                       #抗扭曲函数,将图像摆正
    m = cv2.moments(img)                               #计算图像的中心矩阵
    if abs(m['mu02']) < 1e-2:
        return img.copy()
    skew = m['mu11']/m['mu02']
    M = np.float32([[1, skew, -0.5 * SZ * skew], [0, 1, 0]])
    #图像的平移参数:输入图像、变换矩阵、变换后的大小
    img = cv2.warpAffine(img, M, (SZ, SZ), flags = cv2.WARP_INVERSE_MAP | cv2.INTER_LINEAR)
    return img
#来自 opencv 的 sample,用于 SVM 训练
def preprocess_hog(digits):
    samples = []
    for img in digits:
        gx = cv2.Sobel(img, cv2.CV_32F, 1, 0)
        gy = cv2.Sobel(img, cv2.CV_32F, 0, 1)
        mag, ang = cv2.cartToPolar(gx, gy)
        bin_n = 16
        bin = np.int32(bin_n * ang/(2 * np.pi))
        bin_cells = bin[:10, :10], bin[10:, :10], bin[:10, 10:], bin[10:, 10:]
        mag_cells = mag[:10, :10], mag[10:, :10], mag[:10, 10:], mag[10:, 10:]
        hists = [np.bincount(b.ravel(), m.ravel(), bin_n) for b, m in zip(bin_cells, mag_cells)]
        hist = np.hstack(hists)
        #transform to Hellinger kernel
        eps = 1e-7
        hist /= hist.sum() + eps
        hist = np.sqrt(hist)
        hist /= norm(hist) + eps
        samples.append(hist)
    return np.float32(samples)
```

3. 图像训练

将图像训练标签设定为文件名,最后把训练得到的模型存储到 svm. dat 和 svmchinese . dat 中。

```python
def train_svm():
    #识别英文字母和数字
    model = SVM(C = 1, gamma = 0.5)
    #识别中文
    modelchinese = SVM(C = 1, gamma = 0.5)
    if os.path.exists("svm.dat"):
        model.load("svm.dat")
    else:
        chars_train = []
        chars_label = []
        for root, dirs, files in os.walk("train\\chars2"):
            if len(os.path.basename(root)) > 1:
                continue
            root_int = ord(os.path.basename(root))
            for filename in files:
                filepath = os.path.join(root,filename)
                digit_img = cv2.imread(filepath)
                digit_img = cv2.cvtColor(digit_img, cv2.COLOR_BGR2GRAY)
                chars_train.append(digit_img)
                #chars_label.append(1)
                chars_label.append(root_int)
        chars_train = list(map(deskew, chars_train))
        #print(chars_train)
        chars_train = preprocess_hog(chars_train)
        #print(chars_train)
        #chars_train = chars_train.reshape(-1, 20, 20).astype(np.float32)
        chars_label = np.array(chars_label)
        model.train(chars_train, chars_label)
    if os.path.exists("svmchinese.dat"):
        modelchinese.load("svmchinese.dat")
    else:
        chars_train = []
        chars_label = []
        for root, dirs, files in os.walk("train\\charsChinese"):
            if not os.path.basename(root).startswith("zh_"):
                continue
            pinyin = os.path.basename(root)
            index = provinces.index(pinyin) + PROVINCE_START + 1
            for filename in files:
                filepath = os.path.join(root,filename)
                digit_img = cv2.imread(filepath)
                digit_img = cv2.cvtColor(digit_img, cv2.COLOR_BGR2GRAY)
                chars_train.append(digit_img)
                #chars_label.append(1)
                chars_label.append(index)
```

```
        chars_train = list(map(deskew, chars_train))
        chars_train = preprocess_hog(chars_train)
        #chars_train = chars_train.reshape(-1, 20, 20).astype(np.float32)
        chars_label = np.array(chars_label)
        #print(chars_train.shape)
        modelchinese.train(chars_train, chars_label)
    save_traindata(model,modelchinese)
```

7.3.2 模型预测

在车牌定位部分,先对图像进行灰度化处理和形态学滤波,再对其进行基于 Canny 算子的边缘检测。相关代码见"代码文件 7-1"。

7.3.3 模型展示

在展示界面中,借助 PyQt5 进行绘制和搭建。相关代码见"代码文件 7-2"。

7.4 系统测试

将 10 张带有车牌的照片进行识别效果验证,其中 9 张识别结果完全正确,1 张中只有汉字出错,具体步骤如下。

(1)下载整个文件夹。

(2)运行文件中的 mywindow.py,如图 7-4 所示。

(3)单击选择图片按钮,在文件夹中选择一张车牌照片。

(4)输出所选择的车牌,识别结果如图 7-5 所示。

图 7-4 运行界面

图 7-5 识别结果

项目 8

音乐源分离

本项目基于 MUSDB18 数据集和混合 Demucs 架构,实现部署在网页端的实时音乐源分离。

8.1 总体设计

本部分包括整体框架和系统流程。

8.1.1 整体框架

整体框架如图 8-1 所示。

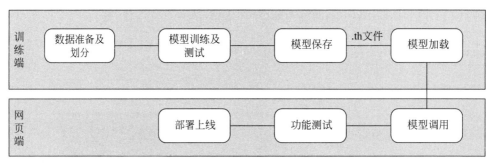

图 8-1 整体框架

8.1.2 系统流程

系统流程如图 8-2 所示。

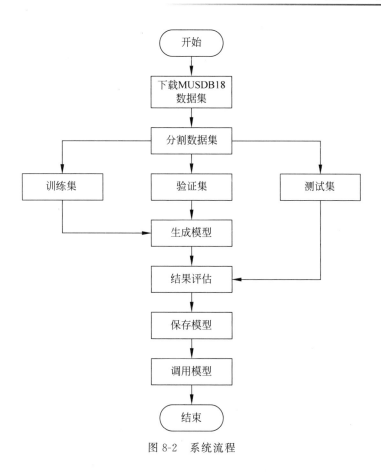

图 8-2　系统流程

8.2　运行环境

本部分包括 Python 环境、训练环境和网页端环境。

8.2.1　Python 环境

在 Windows 环境下下载 Anaconda，完成 Python 3.7 以上、Python 3.9 以下版本的环境配置，如图 1-3 所示，也可以下载虚拟机（VMWare 等）在 Linux 环境下运行代码。

8.2.2　训练环境

混合 Demucs 训练使用的 MUSDB18 数据集涉及 150 首不同的音乐，训练系统为 Ubuntu 20.04。此外，还需要在 Linux 环境下使用 apt 工具安装 ffmpeg 库。在训练环境中，使用的 Python 版本为 3.8.10、PyTorch 版本为 1.11.0、CUDA 版本为 11.3、AudioLoader 版本为 0.1.0，其他各类依赖库的版本如下所示。

```
# requirements.txt
AudioLoader == 0.1.0
omegaconf
tqdm
-- find-links https://download.pytorch.org/whl/torch_stable.html
torch == 1.11.0 + cu113
torchaudio == 0.11.0 + cu113
torchvision == 0.12.0 + cu113
pytorch-lightning == 1.5.8
musdb
dora-search
diffq >= 0.2.1
hydra-colorlog >= 1.1
hydra-core >= 1.1
julius >= 0.2.3
lameenc >= 1.2
museval
mypy
openunmix
pyyaml
```

8.2.3 网页端环境

网页端环境包括模型调用和前端交互。在模型调用时,使用 soundfile 库读取音频文件、ffmpeg 库处理音频文件,通过混合 Demucs 模型将输入的音频文件转换为 4 个分离后的输出文件。在前端交互时,通过 Gradio 库完成基础构造、scipy 库将音频文件转换成 . wav 格式后发送给模型调用部分,再从模型调用中获取分离后的输出文件,展示在前端供用户使用。

8.3 模块实现

本部分包括数据准备、模型训练、模型调用及音源分离、前端交互。下面分别给出各模块的功能介绍及相关代码。

8.3.1 数据准备

MUSDB18 数据集包含 150 首完整长度的不同类型曲目及其独立的鼓声、贝斯声、人声和其他声音,歌曲总时长约为 10 小时。数据集被分为训练集和测试集,分别包含 100 首和 50 首歌曲,所有歌曲都是以 44.1kHz 编码的立体声。MUSDB18 HQ 数据集是 MUSDB18 数据集的高质量版本,同样由 150 首歌曲组成,歌曲文件都是原始的 . wav 格式。

在使用 MUSDB18 HQ 时,可以在 Linux 系统下进行下载,还可以通过调用 AudioLoader 库进行下载,相关代码如下。

```
from AudioLoader.music.mss import MusdbHQ
train_set = MusdbHQ(root = args.dset.train.root,
                    subset = 'training',
                    download = args.dset.train.download,
                    segment = args.dset.train.segment,
                    shift = args.dset.train.shift,
                    normalize = args.dset.train.normalize,
                 samplerate = args.dset.train.samplerate,
                    channels = args.dset.train.channels,
                    ext = args.dset.train.ext)
valid_set = MusdbHQ(root = args.dset.valid.root,
                    subset = 'validation',
                    download = args.dset.valid.download,
                    segment = args.dset.valid.segment,
                    shift = args.dset.valid.shift,
                    normalize = args.dset.valid.normalize,
                 samplerate = args.dset.valid.samplerate,
                    channels = args.dset.valid.channels,
                    ext = args.dset.valid.ext)
test_set = MusdbHQ(root = args.dset.test.root,
                    subset = 'test',
                    download = args.dset.test.download,
                    segment = args.dset.test.segment,
                    shift = args.dset.test.shift,
                    normalize = args.dset.test.normalize,
                 samplerate = args.dset.test.samplerate,
                    channels = args.dset.test.channels,
                    ext = args.dset.test.ext)
```

AudioLoader 对 HUSDB18 HQ 数据集已经分割为训练集、测试集和验证集，因此在训练时直接调用 AudioLoader 中的 HUSDB18 HQ 数据集进行训练。

8.3.2　模型训练

将获取到的数据集导入 DataLoader 中，相关代码如下。

```
train_loader = DataLoader(train_set,
                    batch_size = args.dataloader.train.batch_size,
                    shuffle = args.dataloader.train.shuffle,
                 num_workers = 1, drop_last = True)
valid_loader = DataLoader(valid_set,
                    batch_size = args.dataloader.valid.batch_size,
                    shuffle = args.dataloader.valid.shuffle,
                 num_workers = 1, drop_last = False)
 test_loader = DataLoader(test_set,
                    batch_size = args.dataloader.test.batch_size,
                    shuffle = args.dataloader.test.shuffle,
                 num_workers = 1, drop_last = False)
```

使用公布的源码中混合 Demucs 模型结构进行训练,并对导入定义的模型进行赋值,相关代码如下。

```
if args.model == 'HDemucs':
    model = HDemucs(sources = args.sources,
                    samplerate = args.samplerate,
                    segment = 4 * args.dset.train.segment,
                    **args.hdemucs,
                    args = args)
```

确定模型和数据集后,使用 PyTorch-Lighting 库新建一个 Trainer,再将加载的模型和数据集进行匹配训练即可,相关代码如下。

```
quantizer = get_quantizer(model, args.quant, model.optimizers)
model.quantizer = quantizer                    # can use as self.quantizer in class Demucs
    checkpoint_callback = ModelCheckpoint(**args.checkpoint, auto_insert_metric_name = False)
name = f'{args.model}_experiment_epoch = {args.epochs}_augmentation = {args.data_augmentation}'
lr_monitor = LearningRateMonitor(logging_interval = 'step')
logger = TensorBoardLogger(save_dir = ".", version = 1, name = name)
if args.trainer.resume_from_checkpoint:   # resume previous training when this is given
    args.trainer.resume_from_checkpoint = to_absolute_path(args.trainer.resume_from_checkpoint)
    print(f"Resume training from {args.trainer.resume_from_checkpoint}")
trainer = pl.Trainer(**args.trainer,
                    callbacks = [checkpoint_callback, lr_monitor],
                    plugins = DDPPlugin(find_unused_parameters = False),
                    logger = logger)
trainer.fit(model, train_loader)
trainer.test(model, test_loader)
```

8.3.3 模型调用及音源分离

训练完成的模型以 .th 格式保存在 /outputs 文件夹中。模型保存后,在 Windows 环境下实现对模型的调用及后续的前端交互,通过提供的调用函数进行模型加载。相关代码见"代码文件 8-1"。

8.3.4 前端交互

Gradio 库是构建前端的核心开源库。Gradio 是 MIT 的开源项目。只需在 Gradio 库原有的代码中增加几行,就能自动化生成交互式 Web 界面,并支持多种输入/输出格式,同时还支持生成外部网络可以访问的链接。

通过 Gradio 库完成前端的基础构造,scipy 库将音频文件转换给 .wav 格式发送给模型调用,再从模型调用中获取分离后的输出文件,展示在前端供用户使用,完整的前端交互代码如下。

```
import main
import gradio as gr
from scipy.io.wavfile import write
def inference(audio):
    """
    搭建的简易接口,用以快速验证程序和模型效果的合理性
    audio: 音频类型文件
    return: 分离后的 4 个音频文件
    """
    write('input.wav', audio[0], audio[1])
    main.main()
    return"./input.wav_separated/vocals.wav","./input.wav_separated/bass.wav", \
        "./input.wav_separated/drums.wav", "./input.wav_separated/other.wav"
title = "混合 Demucs 架构下的音乐源分离系统"
description = "< center > 2019211104 班电子信息工程综合实验: 林郭城 - 2019210471,魏文冶 -
2019210466 </center >"
article = ""
examples = [['test.mp3']]
gr.Interface(
    inference,
    gr.inputs.Audio(type = "numpy", label = "Input"),
    [gr.outputs.Audio(type = "file", label = "Vocals"), gr.outputs.Audio(type = "file", label =
"Drums"),
     gr.outputs.Audio(type = "file", label = "Bass"), gr.outputs.Audio(type = "file", label =
"Other")],
    title = title,
    description = description,
    article = article,
    examples = examples
).launch(enable_queue = True, share = False)
```

8.4　系统测试

本部分包括模型训练效果、音频分离效果和前端交互效果展示。

8.4.1　模型训练效果

在 Ubuntu 20.04 的环境下,使用如下命令进行训练: nohup python train.py batch_
size＝1 data_augmentation＝False model＝HDemucs > out.HDemucs &。共计训练 1.543M
步,获得的损失曲线如图 8-3 所示。

8.4.2　音频分离效果

将 20s 测试音频 test.mp3 使用预训练模型进行分离,在 input.wav_seperated 文件夹
中输出分离后的 4 个音频文件,分别是 bass.wav、drums.wav、vocals.wav 和 drums.wav
文件。20s 的测试音频由贝斯声、鼓声和电音声组成,不含人声。分离前后的音频波形如

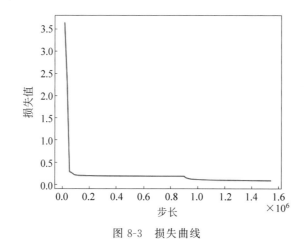

图 8-3 损失曲线

图 8-4 所示。可以看到,混合鼓声模型将原始音频成功分离为 4 种不同的音频文件。由于原始音频不含人声,故电音声的音频图在时域上趋近于一条直线。

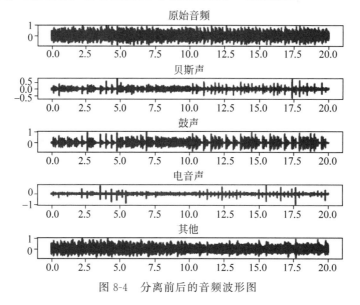

图 8-4 分离前后的音频波形图

8.4.3 前端交互效果

使用 Gradio 库实现功能与用户的前端交互。前端交互代码后,Gradio 库会自动将模型部署到网页端并默认将其映射到本机的 7860 端口。初始状态的前端交互界面如图 8-5 所示。

前端交互界面的左侧是音频输入区。通过单击左边的输入框或者将音频文件拖入输入框,即可完成音频文件的输入。目前支持主流的音频文件有 .mp3、.wav 等格式。使用音频如下:单击左下角 test.mp3 按钮后,界面展示结果如图 8-6 所示。

图 8-5　初始状态的前端交互界面

图 8-6　音频输入界面

当音频成功输入后,可以通过左侧输入框实时播放音频和调整音量大小。此时若要重新选择音频,可以单击左侧的 Clear 按钮清空输入框;若要开始音乐源分离任务,可以单击 Submit 按钮进行分离。在分离过程中,右侧的输出框会转变为加载中的样式,且输出框的右上角会显示已经运行的秒数,如图 8-7 所示。

分离完成后,结果会在右侧的输出框展示,如图 8-8 所示。在右侧输出框可以对每个输出音乐进行播放、调节速度、下载操作,便于用户获取自己所需要的分离结果,实现音乐源分离系统的实时交互功能。

图 8-7　音频分离过程

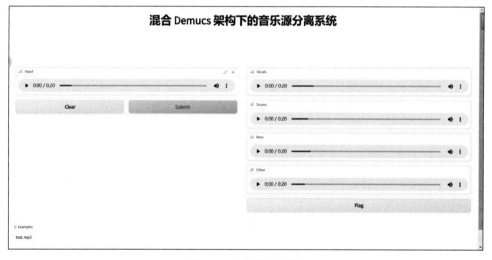

图 8-8　音频分离结果

项目 9

宠 物 识 别

本项目基于 CNN 的狗狗识别器,可以精确识别用户拍摄的狗狗图像,并根据识别结果给出该品种的习性等相关信息。

9.1 总体设计

本部分包括整体框架和系统流程。

9.1.1 整体框架

整体框架如图 9-1 所示。

图 9-1 整体框架

9.1.2　系统流程

系统流程如图 9-2 所示。

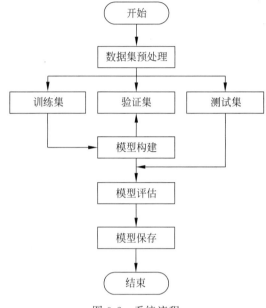

图 9-2　系统流程

通过 TCP、UDP 协议搭建,实现图像识别和图像宠物狗实体类型判断,采用图像物体识别区分不同宠物狗的种类。

功能目标如下。

(1) 结合机器学习训练和网页设计,搭建互动平台。

(2) 用户界面美观暖心,能够给予用户正确的指引。

(3) 参与者能够看到当前宠物狗类型标签状态。

(4) 能够打开相机进行宠物识别。

(5) 用户可以及时反馈使用体验。

性能目标如下。

(1) 用户界面简洁美观,操作简便。

(2) 能够对图像进行标记识别。

(3) 能够对打开摄像头中的狗狗图像进行动态识别标注。

(4) 避免出现内存泄漏等严重问题。

狗分类 VGG-16 网络瓶颈特征相关数据见"数据集文件 9-1"。

9.2 运行环境

本部分包括 Python 环境、TensorFlow 环境和网页端环境。

9.2.1 Python 环境

在 Windows 环境下下载 Anaconda,完成 Python 的环境配置,如图 1-3 所示。

9.2.2 TensorFlow 环境

(1) 打开 Anaconda Prompt,输入清华仓库镜像。

```
conda config -- add channels
https://mirrors.tuna.tsinghua.edu.cn/anaconda/pkgs/free/
conda config - set show_channel_urls yes
```

(2) 创建一个 Python 3.5 的环境,名称为 TensorFlow。

```
♯此时 Python 的版本和 TensorFlow 的版本如有匹配问题,此步选择 Python 3.x
conda create - n tensorflow python = 3.5
```

(3) 有需要确认的地方都输入 y。

(4) 在 Anaconda Prompt 中激活 TensorFlow 环境。

```
activate tensorflow
```

(5) 安装 CPU 版本的 TensorFlow。

```
pip install - upgrade -- ignore - installed tensorflow       ♯ CPU
```

9.2.3 网页端环境

作为使用 Python 语言、基于 Werkzeug 工具编写的轻量级 Web 开发框架,Flask 非常适合周期短的精简应用。为实现响应式布局,采用 Bootstrap 栅格系统,提供网页各组件排布的管理方式,使得窗口显示随界面自适应调整。

本项目使用 Google Fonts 库进行文本显示。网页端包括主页、图像上传界面、实时视觉识别界面、项目主旨介绍、成员介绍和反馈模块,所有界面都使用到 schema.org 封装的优质工具库。此外,CSS 文件被用于管理本地图像在网页的展示。

9.3 模块实现

本部分包括数据准备、模型构建、模型训练、模型保存和模型应用。下面分别给出各模块的功能介绍及相关代码。

9.3.1 数据准备

首先,对图像进行预处理,将图像统一变换为 100×100 的大小,并且转换为 RGB 的格式输入训练集中；其次，根据卷积神经算法对图像进行训练；最后，得到模型并使用模型对测试集进行预测，相关代码如下。

```python
#预处理图像
#读取图像的总数
dogtxt = open("mini_train.txt", encoding = "utf - 8")
dogCount = len(dogtxt.readlines())
dogtxt.close()
#依次将每张图像处理为100×100的新图像，并保存在新的文件夹
dogtxt = open("mini_train.txt", encoding = "utf - 8")
dogpathpre = "./imgs/train/"
for i in range(1, dogCount):
    dogpath = dogtxt.readline()
    dogpath = dogpath.rstrip('\n')
    img = Image.open('./imgs/train/' + dogpath)
    new_img = img.resize((100,100), Image.BILINEAR)
    new_img.save('./imgs/new - train/' + dogpath)
dogtxt.close()
# % %
#加载训练集，将100×100的图像转换为RGB表示的数组格式
img_train = os.listdir('./imgs/new - train/')
x_train = []
y_train = []
for index in range(len(img_train)):
    img_train_i = os.listdir('./imgs/new - train/' + img_train[index])
    img_train_i_len = len(img_train_i)
#构建训练集时，由于不同种类的狗图像数量相差甚远，因此采用有放回的抽样来构建数据集，每类
#包含50个样本
    for i in range(50):
        img = Image.open('./imgs/new - train/' + img_train[index] + '/' + img_train_i[random.
randint(0, img_train_i_len - 1)]).convert('RGB')
        x_train.append(np.array(img))
        y_train.append(index)
# % %
#数组转换
x_train = np.array(x_train)
y_train = np.array(y_train)
#将类别向量转换为二进制(只有0和1)的矩阵类型表示
y_train = to_categorical(y_train)
x_train = x_train.astype('float32')
x_train /= 255
```

9.3.2 模型构建

模型构建相关代码见"代码文件9-1"。

9.3.3 模型训练

在定义模型架构和编译之后，使用训练集训练模型。

```
# 编译模型
sgd = SGD(lr = 0.01, decay = 1e - 6, momentum = 0.9, nesterov = True)
model.compile(loss = 'categorical_crossentropy', optimizer = sgd, metrics = ['accuracy'])
# 共进行 100 轮,每轮 10 个样本
model.fit(x_train, y_train, batch_size = 10, epochs = 100)
```

9.3.4 模型保存

为了能够被网页端读取,需要将模型文件保存为.h5、.hdf5、.tflite 等格式的文件。

```
model.save_weights('./dog_weights.h5', overwrite = True)
tf.keras.models.save_model(model, './dog_weights.h5')
model = tf.keras.models.load_model('./dog_weights.h5')
converter = tf.lite.TFLiteConverter.from_keras_model(model)
tflite_model = converter.convert()
```

9.3.5 模型应用

该应用实现主要由两部分构成:一是网页端(以 HTML 为例)调用摄像头和本地图像获取数字图像;二是将数字图像转化为数据,输入 TensorFlow 的 VGG 模型中,并且获取输出。结构框架如图 9-3 所示。

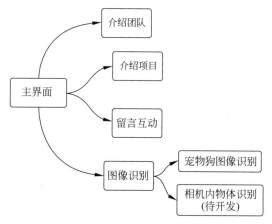

图 9-3 结构框架

(1) 项目介绍的 HTML 相关代码见"代码文件 9-2"。

(2) 留言反馈界面输入信息,如表 9-1 所示。

表 9-1 留言反馈界面输入信息

输 入 内 容	数 据 类 型	输 入 内 容	数 据 类 型
姓名	中英文字符	留言(标题+内容)	中英文、数字字符
邮箱	英文字符串	防垃圾邮箱验证(提问)	中文字符
电话号码	数字字符串		

（3）主界面左下角和底部设置上传图像进行检测的入口，右侧设置 bootstrap 轮播界面，展示人与狗温馨相处的画面，画面更换时间为 6000ms。封装图库如下：< i class = "fas fa-check-circle fa-4x features-img"></i>，也可为网页增色，相关代码如下。

```
< div id = "carouselExampleControls" class = "carousel slide" data - ride = "carousel" data -
interval = "6000" data - pause = "hover">
        < div class = "carousel - inner">
            < div class = "carousel - item active" id = "carousel_pad">
                < img class = " d - block w - 100 desc_img" src = "{{url_for('static', filename =
'images/SDG1.jpg')}}" alt = "Page1">
            </div>
            < div class = "carousel - item" id = "carousel_pad">
                < img class = "d - block w - 100 desc_img" src = "{{url_for('static', filename =
'images/sdg3en.jpg')}}" alt = "Page2">
            </div>
            < div class = "carousel - item" id = "carousel_pad">
                < img class = "d - block w - 100 desc_img" src = "{{url_for('static', filename =
'images/c1.png')}}" alt = "Page3">
            </div>
        </div>
        < a class = "carousel - control - prev" href = " # carouselExampleControls" role =
"button" data - slide = "prev">
            < span class = "carousel - control - prev - icon" aria - hidden = "true"></span>
            < span class = "sr - only"> Previous </span>
        </a>
        < a class = "carousel - control - next" href = " # carouselExampleControls" role =
"button" data - slide = "next">
            < span class = "carousel - control - next - icon" aria - hidden = "true"></span>
            < span class = "sr - only"> Next </span>
        </a>
    </div>
</div>
</div>
```

（4）识别界面。在 file_upload_form. html 中，提供本地图像文件（. png 和. jpg 文件）上传的方式，相关代码如下。

```
< form action = "/success" method = "POST" enctype = "multipart/form - data">
        < input style = " margin: auto; margin - top: 15px; background - color:DodgerBlue; color:
white; padding: 15px 32px; text - align: center; display: block; font - size: 16px; margin -
bottom: 15px;" type = "file" name = "file" />
        < input style = " margin: auto; margin - top: 15px; background - color:DodgerBlue;
color: white; padding: 15px 32px; text - align: center; display: block; font - size: 16px;
margin - bottom: 15px;" type = "submit" value = "Upload and Find out!">
    </form>
```

单击跳转即可在 success. html 中查看检测结果，img 是已经上传的图像，out1 是检测程序输出的语句，例如：This photo looks like a Cairn terrier。相关代码如下。

```
< div >
    < div >
        < p style = "font - size:25px; text - align: center;"> Your Input Image </p>
            < img class = "center" src = "{{ img }}">
    </div>
        < div >
        < p style = "font - size:25px; text - align: center;">{{out_1}}</p>
            </div>
            </div>
```

（5）启动 HTML 网页，里面地址可更改。

相关代码如下：

```
if __name__ == '__main__':
    app. run( host = "127. 0. 0. 1", port = 5000, debug = True)
```

设置进程流如下：

```
sess = tf. Session( )
```

Flask 初始化如下：

```
app = Flask( __name__ )
```

（6）图像识别。将预备处理的图像转换为 CNN 的四维张量，相关代码如下。

```
    def path_to_tensor( img_path):
        #将 RGB 图像加载为 PIL. Image. Image 类型
        img = image_utils. load_img( img_path, target_size = (224, 224))
        #将其转换为三维张量 shape (224, 224, 3)
        x = image_utils. img_to_array( img)
        #返回为四维
    return np. expand_dims( x, axis = 0)
        #上传图像
@ app. route( '/success', methods = [ 'POST'])
def success( ):
    if request. method == 'POST':
        f = request. files[ 'file']
        f. save( os. path. join( app. config[ 'UPLOAD_FOLDER'], f. filename))    #上传图像
        full_filename = os. path. join( app. config[ 'UPLOAD_FOLDER'], f. filename)
        image_ext = cv2. imread( full_filename)
        img_path = full_filename
        #print( image_ext. shape)
        with graph. as_default( ):
            set_session( sess)
            txt = predict_image( img_path)
        #result = predict_image( img_path, model)
        #txt = result
        final_text = 'Results after Detecting your Dog Breed in Input Image'
        return render_template( "success. html", name = final_text, img = full_filename, out_1 = txt)
#调用模型进行识别
```

```
predicted_vector = Model.predict(x)
# return dog breed that is predicted by the model
return dog_names[np.argmax(predicted_vector)]
```

（7）加载当前模型，采用 VGG-16 训练宠物狗分类，相关代码如下。

```
with graph.as_default():
    set_session(sess)
    bottleneck_features = np.load('dog_project\\bottleneck_features\\DogVGG16Data.npz')
    train_Resnet = bottleneck_features['train']
    valid_Resnet = bottleneck_features['valid']
    test_Resnet = bottleneck_features['test']
    Resnet_Model = Sequential()
Resnet_Model.add(GlobalAveragePooling2D(input_shape = train_Resnet.shape[1:]))
# 增加训练用的瓶颈特征
    Resnet_Model.add(Dense(133, activation = 'softmax'))
    Resnet_Model.compile(loss = 'categorical_crossentropy', optimizer = 'adam', metrics = ['accuracy'])
    Resnet_Model.load_weights('dog_project\\saved_models\\weights.best.VGG16.hdf5')
    graph = tf.get_default_graph()
}
```

9.4　系统测试

本部分包括训练准确率及测试效果。

9.4.1　训练准确率

在更改为 VGG-16 后，准确率稳定在 75％左右，如图 9-4 所示，相关代码如下。

```
    total = 199
acc = 0
for i in range(199):
    if classes[i] == y_test_t[i]:
        acc += 1
acc/total
```

训练结果如下：

```
    0.771356783919598
    acc = [0,0,0,0,0]
sum = [0,0,0,0,0]
for i in range(199):
    sum[y_test_t[i]] += 1
    if classes[i] == y_test_t[i]:
        acc[y_test_t[i]] += 1
# % %
for i in range(5):
    print(acc[i]/sum[i])
```

```
1/1 [==============================] - 0s 13ms/step
1/1 [==============================] - 0s 14ms/step
1/1 [==============================] - 0s 13ms/step
1/1 [==============================] - 0s 14ms/step
1/1 [==============================] - 0s 13ms/step
1/1 [==============================] - 0s 13ms/step
1/1 [==============================] - 0s 13ms/step
1/1 [==============================] - 0s 13ms/step
1/1 [==============================] - 0s 14ms/step
1/1 [==============================] - 0s 13ms/step
1/1 [==============================] - 0s 14ms/step
1/1 [==============================] - 0s 13ms/step
1/1 [==============================] - 0s 15ms/step
1/1 [==============================] - 0s 14ms/step
1/1 [==============================] - 0s 13ms/step
1/1 [==============================] - 0s 14ms/step
1/1 [==============================] - 0s 13ms/step
1/1 [==============================] - 0s 15ms/step
1/1 [==============================] - 0s 20ms/step
1/1 [==============================] - 0s 14ms/step
1/1 [==============================] - 0s 13ms/step
1/1 [==============================] - 0s 16ms/step
1/1 [==============================] - 0s 14ms/step
1/1 [==============================] - 0s 13ms/step
1/1 [==============================] - 0s 14ms/step
1/1 [==============================] - 0s 13ms/step
Test accuracy: 75.8373%
```

图 9-4　训练准确率

9.4.2　测试效果

（1）HTML 启动运行后，建议配置好 TensorFlow ≥2.9.0 Python 3.7 环境，以进行图像识别。

在运行过程中，route.py 的 HDF5 文件修改保存即刻生效；但 HTML 界面需要重启才能观察到变化。

（2）打开 HTML 网页，初始界面如图 9-5 所示。

图 9-5　初始界面

界面上端三个选项分别对应团队介绍、项目意义和联系互动，单击文字和 DogPal 标志均可跳转。下方分别是实时相机物体检测和插入图像检测模块，其中前者已经规划了展示界面，提供操作指引；单击后者，跳转至核心应用图像识别，实时交互界面如图 9-6 所示。

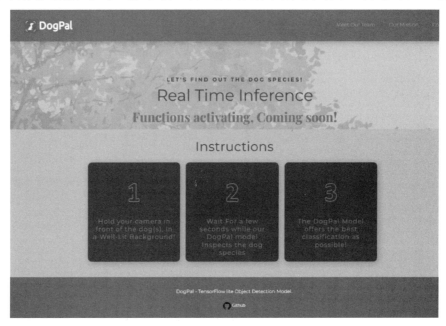

图 9-6　实时交互界面

首先，选择本地路径；其次，显示图像名称，单击 Upload and Find out 即可观察到分类结果。图像上传界面如图 9-7 所示，预测结果显示界面如图 9-8 所示。

图 9-7　图像上传界面

图 9-8　预测结果显示界面

非宠物狗或人类的图像,系统也能进行识别,图像灵活识别如图 9-9 所示。

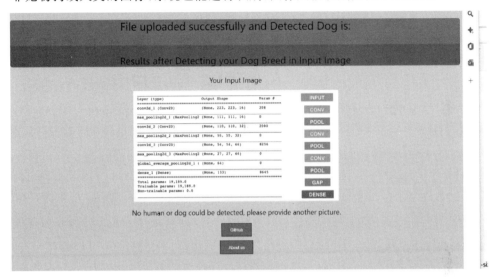

图 9-9　图像灵活识别

测试效果如图 9-10 所示。

图 9-10　测试效果

项目 10 人脸口罩辨别

本项目基于卷积神经网络，使用 PyTorch 训练库，开发一款在 Android 系统中进行人脸口罩辨别的系统。

10.1　总体设计

本部分包括整体框架和系统流程。

10.1.1　整体框架

整体框架如图 10-1 所示。

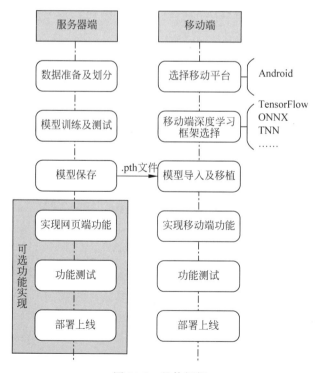

图 10-1　整体框架

10.1.2 系统流程

系统流程如图 10-2 所示。

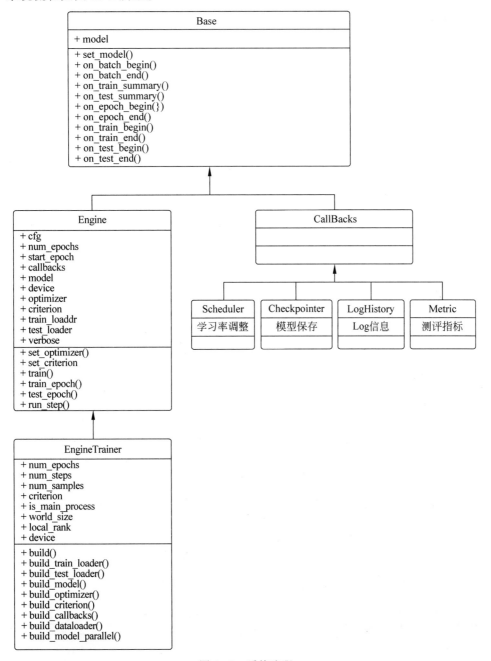

图 10-2 系统流程

10.2 运行环境

本部分包括 Python 环境、PyTorch 环境和 Android 环境。

10.2.1 Python 环境

在 Windows 环境下下载 Anaconda，完成 Python 3.9 及以上版本的环境配置，如图 1-3 所示，也可以下载虚拟机在 Linux 环境下运行代码。

10.2.2 PyTorch 环境

依赖包的版本要求如下：

```
numpy == 1.16.3
matplotlib == 3.1.0
Pillow == 6.0.0
easydict == 1.9
opencv - contrib - python == 4.5.2.52
opencv - python == 4.5.1.48
pandas == 1.1.5
PyYAML == 5.3.1
scikit - image == 0.17.2
scikit - learn == 0.24.0
scipy == 1.5.4
seaborn == 0.11.2
tensorboard == 2.5.0
tensorboardX == 2.1
torch == 1.7.1 + cu110
torchvision == 0.8.2 + cu110
tqdm == 4.55.1
xmltodict == 0.12.0
basetrainer
pybaseutils
```

10.2.3 Android 环境

使用 Python 进行安卓软件的开发步骤如下。

（1）安装 Python。使用 Windows 系统，在 Python 官网获取安装包，要求 Python 3.7 以上的版本（避免使用阿尔法、贝塔和其他已经发布的候选版本）。

（2）安装依赖包。在 Windows 系统上构建 BeeWare。

Git 是一种分布式版本控制系统，可以从官网下载，如图 10-3 所示。安装完成后，重新启动所有终端显示新安装的工具。

（3）创建虚拟环境。可以将 BeeWare 的工具直接安装到主 Python 环境中。建议使用虚拟环境，设置 Python 版本及虚拟环境名称。

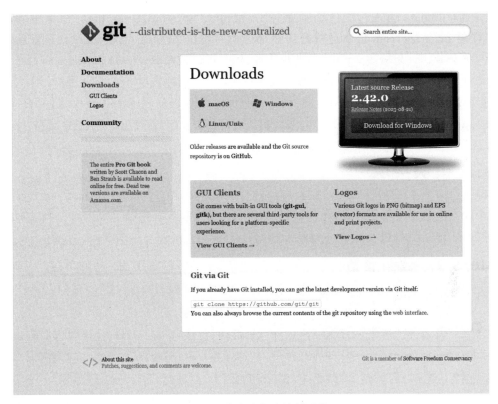

图 10-3　分布式版本控制系统

```
conda create —— name AI2022 — MaskTest python = 3.9
```

（4）安装 BeeWare。

```
pip install briefcase
conda list
```

（5）创建项目。

```
briefcase new
```

按照引导完成项目的初始化设置。

（6）搭建应用程序脚手架。

```
briefcase create
briefcase build
```

（7）运行、打包程序。

```
briefcase run
briefcase package
```

打包完成后会出现 .msi 后缀的程序，即安装包，安装完成后可在开始菜单查看软件。

（8）更新代码。打包后使用 briefcase dev 修改代码，使用 briefcase run 修改无效。使用 briefcase update 为现存的应用程序包更新代码；使用 briefcase build 命令重新编译 App，使用 briefcase run 命令运行升级后的 App；使用 briefcase package 命令重新打包 App 以便分发。如果修改 App 代码并想快速打包，可以使用 briefcase package -u 命令。对大多数日常开发，briefcase dev 命令更便捷。

（9）打包为 Android 软件。

```
briefcase create android
```

10.3 模块实现

本部分主要包括数据准备、模型构建、模型训练、模型保存和模型应用。下面分别给出各部分的功能介绍及相关代码。

10.3.1 数据准备

（1）下载 RMFD 数据集，如图 10-4 所示。

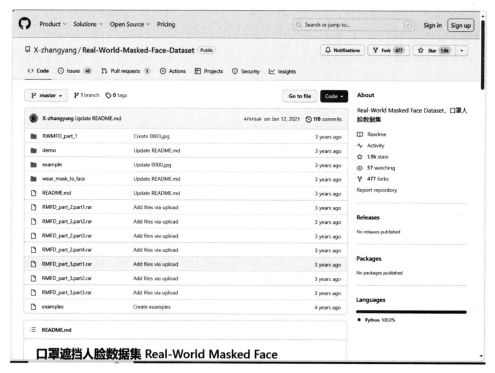

图 10-4 RMFD 数据集界面

（2）本项目需要真实口罩人脸识别数据集，如果下载的是开源内容的某个子文件夹，需要使用 SVN。

（3）安装 SVN，如图 10-5 所示。

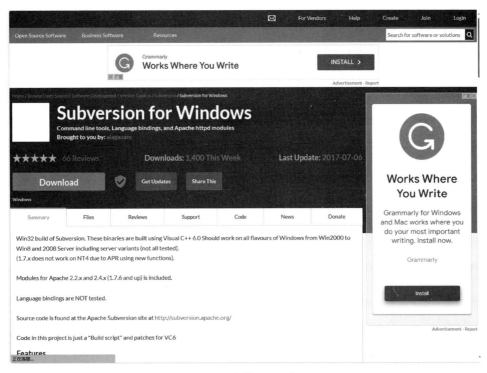

图 10-5　安装 SVN 界面

（4）添加安装后获得的 bin 文件夹目录的路径到系统 path 变量中，在命令行窗口中输入 svnserve -help。

（5）查看是否正常安装。

（6）复制并修改要下载子文件夹的 github 文件网址，将网址名字关键字中的 tree/master/改为 trunk/。

（7）确定一个文件夹用于保存文件，使用 Win＋R 快捷键打开运行对话框，输入 cmd 并按 Enter 键，然后打开命令提示符窗口，使用 cd 命令，切换到之前确定的文件夹路径下，输入 svn checkout＋修改后的文件。

10.3.2　模型构建

训练模型采用一个开源的基础训练库，支持分布式训练、剪枝训练，如图 10-6 所示。

数据加载进模型之后，需要定义结构与回调函数。

1．定义结构

相关代码见"代码文件 10-1"。

2．回调函数

相关代码见"代码文件 10-2"。

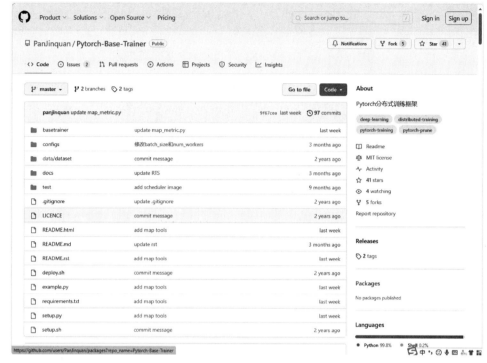

图 10-6　训练库界面

10.3.3　模型训练

训练过程可视化工具使用 TensorBoard，相关代码如下。

```
#基本方法
tensorboard --logdir = path/to/log/
#示例如下
tensorboard --logdir = data/pretrained/mobilenet_v2_1.0_CrossEntropyLoss/log
```

终端完成运行后，在本地端口 6006 可以查看可视化后的训练内容，如图 10-7 所示。

10.3.4　模型保存

在安卓端部署模型需要将 PyTorch 模型先转换为 ONNX，再转换为 TNN 模型，本部分将记录 PyTorch 模型转换为 ONNX 模型的过程，相关代码见"代码文件 10-3"。

10.3.5　模型应用

通过安卓端调用摄像头和相册获取数字图像并输入模型中，然后获取输出。人脸口罩识别通过 Android 源码实现，核心算法采用 C++ 实现，上层通过调用 JNI 接口实现。

1. 核心算法

模型部署完成后，使用如下函数进行图像检测。相关代码见"代码文件 10-4"。

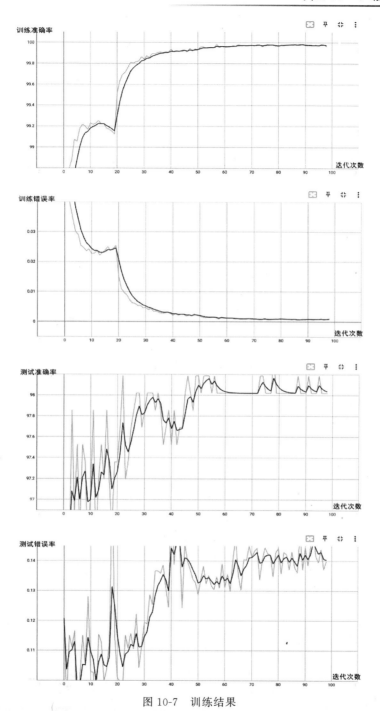

图 10-7　训练结果

2. 模型导入及调用

TNN 模型可以直接在安卓上进行部署,转换模型如图 10-8 所示。

(1) 下载 TNN 源码,如图 10-9 所示。

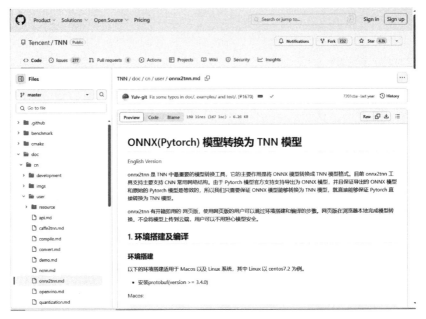

图 10-8　转换模型

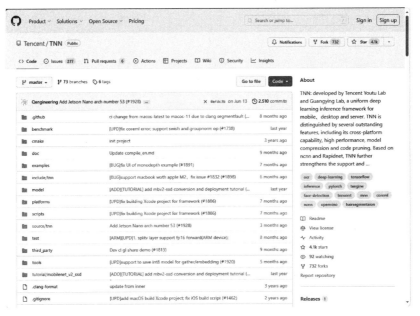

图 10-9　下载 TNN 源码

进入/TNN-master/tools/onnx2tnn/onnx-converter 文件夹，运行./build 进行编译。
（2）运行命令进行转换。

```
python onnx2tnn.py model/model_sim.onnx -version=algo_version -optimize=1
```

（3）验证结果如图 10-10 所示。

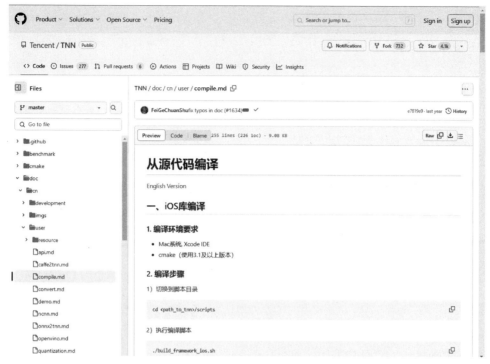

图 10-10　验证结果

如图 10-11 所示，省去编译环节，提供简化操作，实现一键转换。

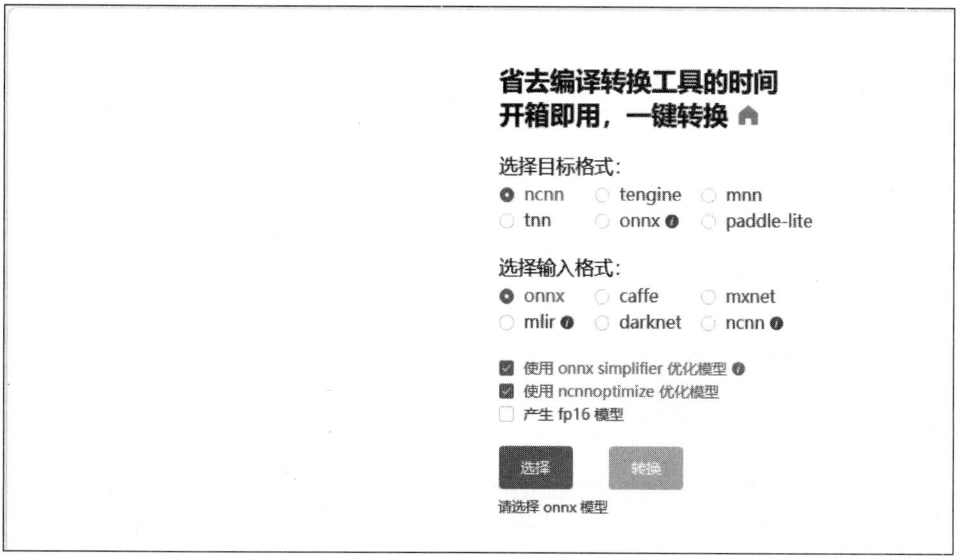

图 10-11　省去编译转换界面

如图 10-12 所示,提供 convert2tnn 工具,也可以实现一步转换。

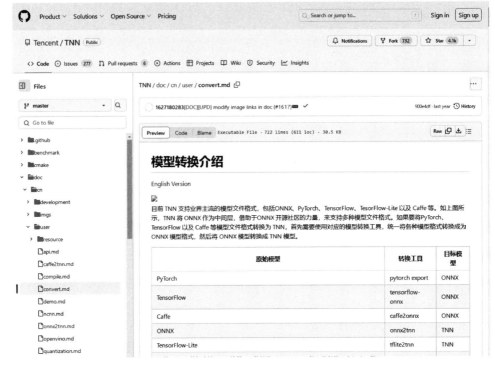

图 10-12　一步转换界面

3. 软件开发代码

(1) 主界面内容负责设置识别前的调试,如调整线程、模型、输入的图像等,相关代码见"代码文件 10-5"。

(2) 搭建类模型主要有人脸检测口罩识别模型和结果输出绘图模型,相关代码见"代码文件 10-6"。

(3) 主活动类相关代码见"代码文件 10-7"。

10.4　系统测试

本部分包括训练准确率及测试效果。

10.4.1　训练准确率

PyCharm 运行训练结果如图 10-13 所示。

训练准确率最终稳定在 98% 以上,模型训练比较成功。如果查看整个训练日志,就会发现随着 epoch 次数的增多,模型在训练数据、测试数据上的损失和准确率逐渐收敛,最终趋于稳定,如图 10-14 所示。

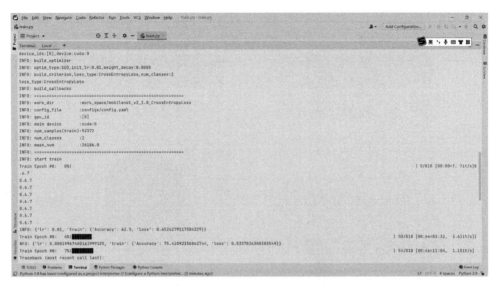

图 10-13　PyCharm 运行训练结果

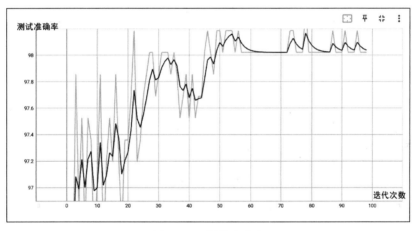

图 10-14　训练准确率

10.4.2　测试效果

（1）程序下载运行。

Android 项目编译成功后，打包为 Android App。

```
briefcase create android
briefcase build android
briefcase package android
```

打包完成后，将 apk 文件传输到手机上安装即可。

（2）使用说明。

打开 App，单击 start 按钮，应用界面如图 10-15 所示。

支持上传本地图像、视频,以及相机实时测试,该图像为初始图像。单击图像按钮后上传,选择图像进行识别,如图 10-16 所示。

图 10-15　应用界面　　　　　　　　　　图 10-16　识别效果

（3）将测试图像存入 data/test_image 文件夹,运行 demo.py,测试效果如图 10-17 所示。

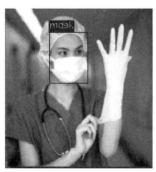

图 10-17　测试效果

（4）输入多张图像进行测试，测试效果如图 10-18 所示。

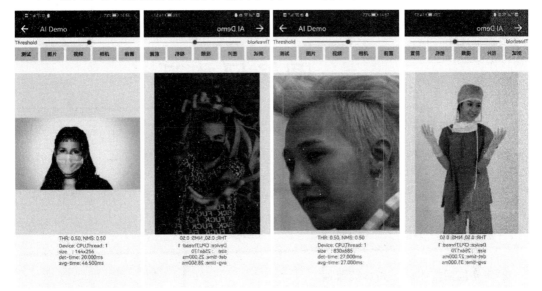

图 10-18　多张图像测试效果

项目 11

图像风格迁移

本项目使用收集整理的数据集,基于 CycleGAN 实现 Android 移动端的图像风格迁移。

11.1 总体设计

本部分包括整体框架和系统流程。

11.1.1 整体框架

整体框架如图 11-1 所示。

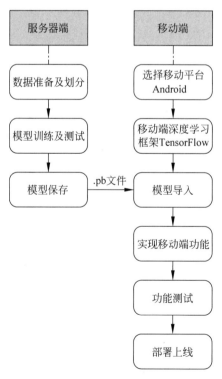

图 11-1 整体框架

11.1.2　系统流程

系统流程如图 11-2 所示。

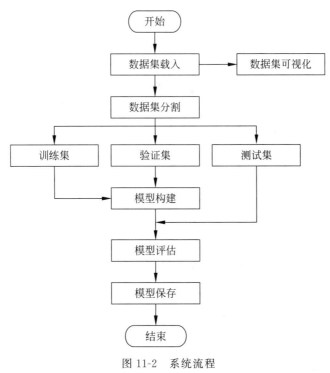

图 11-2　系统流程

11.2　运行环境

本部分包括 Python 环境、TensorFlow 环境和 Android 环境。

11.2.1　Python 环境

在 Windows 环境下下载 Anaconda,完成 Python 3.6 及以上版本的环境配置,如图 1-3 所示,也可以下载虚拟机在 Linux 环境下运行代码。

11.2.2　TensorFlow 环境

(1) 目前 TensorFlow 有两个版本,2.0 版本删减了许多 1.0 版本中的函数,为使程序运行顺畅,本项目使用 TensorFlow 1.10.0 的 GPU 版本。

(2) 安装 TensorFlow 时下载 GPU 版本,命令如下:

```
pip install - upgrade -- ignore - installed tensorflow - gpu == 1.10.0
```

11.2.3　Android 环境

（1）安装 Android Studio，版本为 android-studio-2022.1.1.20-windows，SDK 版本为 commandlinetools-win-9477386_latest。

（2）新建 Android 项目，打开 Android Studio，选择 File→New→New Project，如图 11-3 所示，然后配置 Android 界面，选择 Empty Activity→Next，如图 11-4 所示。

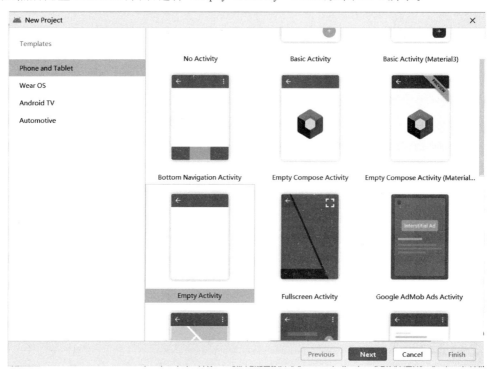

图 11-3　选择 Android 界面

（3）Save location 为项目保存的地址，Name 可自行定义，Minimum SDK 为该项目能够兼容的最低 Android 手机版本，大于或等于 18 即可，单击 Finish 按钮。

（4）导入 TensorFlow 的 jar 包和 so 库：直接从网上下载 libtensorflow_inference.so 和 libandroid_tensorflow_inference_java.jar。

（5）将 libtensorflow_inference.so 保存在 app/libs 目录下新建的 armeabi-v7a 文件夹下，将 libandroid_tensorflow_inference_java.jar 保存在 app/libs 文件夹下，并且右击 add as Library，如图 11-5 所示。

（6）配置 app\build.gradle 完整代码见"代码文件 11-1"。

build.gradle 中的内容有任何改动，Android Studio 都会提示，单击 Sync Now 或 🐘 图标，即同步该配置，同步成功表示配置完成。

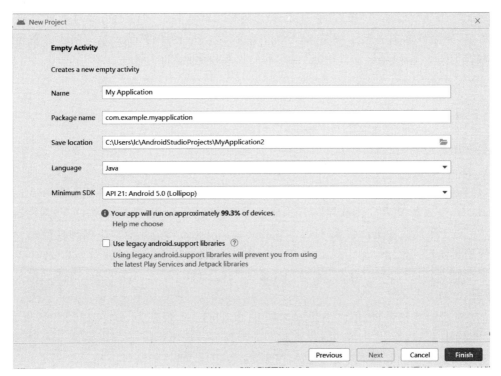

图 11-4　配置 Android 界面

图 11-5　导入 jar 包和 so 库

11.3　模块实现

本部分包括数据准备、模型构建、模型训练、模型评估、模型保存和模型应用,下面分别给出各模块的功能介绍及相关代码。

11.3.1　数据准备

本项目使用自制城市风景-梵高风格油画数据集 reality2painting。数据集包含两部分:大小为 256×256 的 800 张梵高风格油画图像和大小为 256×256 的 800 张城市风景图像。

相关数据见"数据集文件 11-1"。也可在文件中获得压缩包 reality2painting.rar 进行解压。将数据集文件夹 reality2painting 存储在工程文件夹 datasets 中。

深度学习模型处理图像的大小为 256×256 或 128×128，理论上需要对数据集进行图像预处理，但是数据集事先已处理，都是大小为 256×256 的图像，因此这一步不必重复。然后将数据集写入 tfrecords 文件中，以供之后的训练模型使用：

```
writer = tf.python_io.TFRecordWriter(output_file)
```

11.3.2 模型构建

数据加载进模型之后，需要定义结构并优化损失函数。

1. 定义结构

（1）CycleGAN 的具体模型参数：引用（generator.py）生成器类和（discriminator.py）判别器类。生成器包括 G 生成器和 F 生成器，判别器包括 D(X) 判别器及 D(Y) 判别器。

（2）对于不同大小的图像 128×128 和 256×256，生成器分别有以下两种模型。

模型 1：c7s1-32、d64、d128、R128、R128、R128、R128、R128、R128、u64、u32、c7s1-3。

模型 2：c7s1-32、d64、d128、R128、R128、R128、R128、R128、R128、R128、R128、R128、u64、u32、c7s1-3。

（3）对于 D 判别器，使用大小为 70×70 的 PatchGAN，模型为 C64、C128、C256 和 C512 4 个输出通道。

定义生成器和判别器需要用到网络模型，如卷积层、残差网络等。相关代码见"代码文件 11-2"。

2. 优化损失函数

由前面的算法介绍可知，CycleGAN 的损失函数由生成器损失函数、判别器损失函数、循环一致损失函数组成。模型根据损失函数的梯度进行优化，使用 Adam 优化器，其初始的学习率是 0.002。相关代码见"代码文件 11-3"。

11.3.3 模型训练

CycleGAN 模型搭建之后，使用自制数据集进行训练，训练时使用 Anaconda Prompt 控制台进行外部控制。

（1）模型训练相关代码见"代码文件 11-4"。

（2）命令控制台操作。

打开 Anaconda prompt 控制台，进入工程文件夹，输入如下命令：

```
python train.py -- X datasets/reality2painting/reality.tfrecords -- Y datasets/reality2painting/
painting.tfrecords -- image_size 256
```

若要停止训练，按 Ctrl+C 组合键即可，如图 11-6 所示。

通过观察训练集和测试集的损失函数、准确率的大小，评估模型的训练程度，进而进行模型训练的进一步决策。

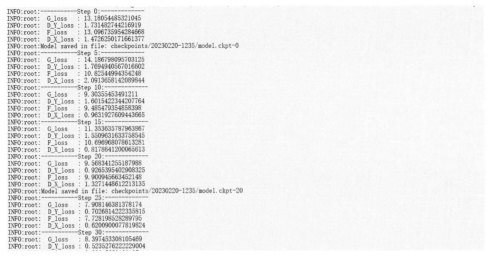

图 11-6　训练过程命令控制台

11.3.4　模型评估

使用 TensorBoard 工具查看训练过程中各损失函数的变化，以评估模型质量。

在命令控制台中输入 tensorboard --logdir checkpoints/＋文件夹名称，打开获得的网址，损失函数变化曲线和其他训练信息如图 11-7 所示。

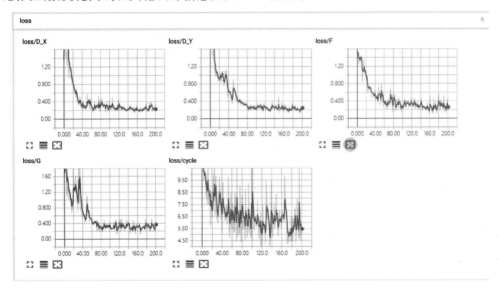

图 11-7　TensorBoard 云平台损失函数变化曲线

11.3.5　模型保存

为了能够被 Android 程序读取，模型将通过 TensorFlow 中的 graph_util 进行保存，文件为.pb 格式。

```
#export_graph.py
export_graph(FLAGS.XtoY_model, XtoY = True)
export_graph(FLAGS.YtoX_model, XtoY = False)
```

模型被保存后，可以被重用，也可以移植到其他环境中使用。

为了能在后续过程中将.pb 模型迁移到 Android Studio 云平台上使用，.pb 模型的接口节点形状应是一维的。本项目设定模型接口输入节点名称为 input_image，形状为[image_size * image_size * 3]，数据类型为 float；输出节点名称为 output_image，形状为[image_size * image_size * 3]，数据类型为 float。

11.3.6　模型应用

一是将数字图像转换为数据，输入 TensorFlow 的模型中，并且获取输出；二是 Android 端调用摄像头或相册获取数字图像，并且将结果保存到相册。

1. 权限申请

调用摄像头和读写 SD 卡需要申请权限，在 AndroidManifest.xml 中进行注册，相关代码见"代码文件 11-5"。

2. 模型导入及调用

（1）将训练好的.pb 文件存入 Android 项目的 app/src/main/assets 文件夹下，若不存在 assets 目录，右击，选择 main→new→Directory，输入 assets。

（2）新建类 PredictionTF.java，在该类里加载 so 库，调用 TensorFlow 模型得到预测结果。

（3）在 MainActivity.java 中声明模型存放路径，调用 PredictionTF 类。相关代码见"代码文件 11-6"。

该布局文件中有 7 个控件，其中有 5 个 button，分别是风格转换、选择图像、下载、清空图像、painting_to_reality；2 个 ImageView，分别是展示转换前和转换后的图像。

模型预测类相关代码见"代码文件 11-7"。

主活动类相关代码见"代码文件 11-8"。

11.4　系统测试

本部分包括模型训练中各损失函数变化趋势、模型运行及测试效果。

11.4.1　损失函数变化趋势

G、F 生成器在训练过程中处于博弈状态。在 X→Y 的过程中，G 生成器希望自己的图像越接近 Y 空间的样本越好，因此 G 生成器每次优化后其损失函数变小；在 D→Y 鉴别器

的过程中,希望自己辨别假图像的能力更强,D→Y 每次优化后其损失函数变大。同理,在
Y→X 的过程中,F 生成器和 D→X 鉴别器的损失函数变化相反。两对生成器和鉴别器相互
斗争,如图 11-8 和图 11-9 所示,损失函数不停地上下波动。

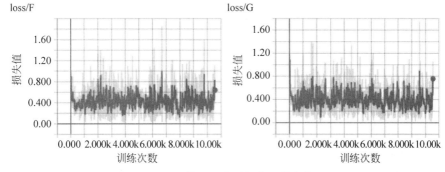

图 11-8　模型生成器损失函数变化

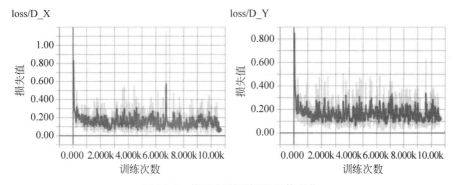

图 11-9　模型判别器损失函数变化

CycleGAN 要求两个生成器的能力达到一种平衡,因此循环一致损失函数应该越小越
好,如图 11-10 所示,循环一致损失函数呈下降趋势。

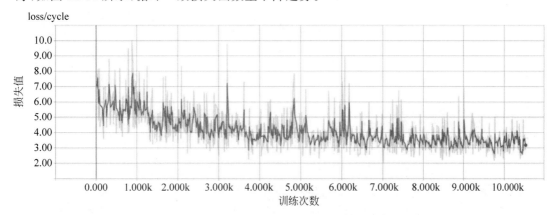

图 11-10　模型循环一致损失函数变化

11.4.2 模型运行

（1）由于模拟器运行较慢，所以将项目运行到真机上进行测试。通过手机数据线连接到计算机上，开启手机的开发者模式，打开 USB 调试，单击 Android 的运行按钮，会出现连接手机的选项。

（2）打开 App，初始界面如图 11-11 所示。

单击选择图像，若相册内没有图像，则调用相机拍照并导入图像。将图像显示在上方空白区域，然后单击风格转换，如图 11-12 所示。

单击下载，转换后的图像保存到手机相册。单击 painting_to_reality 可以切换模型，最后将油画风格转换为现实风格，如图 11-13 所示。

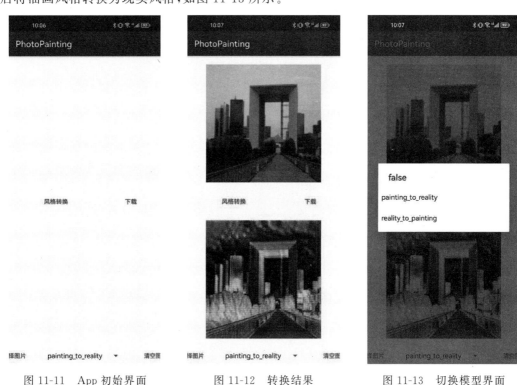

图 11-11　App 初始界面　　　图 11-12　转换结果　　　图 11-13　切换模型界面

11.4.3 测试效果

若想实现 CycleGAN 在图像迁移方面的良好性能，需要大量、长时间的训练。图 11-14 从上至下分别是测试原图、使用 CPU 进行 200 次训练的模型效果、使用 GPU 进行 200 次训练的模型效果、使用 GPU 进行 10000 次训练的模型效果。

经过 10000 次训练后，图像的风格迁移效果达到预期，建筑风景成功转换成油画风格的图像，如图 11-15 所示。

图 11-14　CycleGAN 模型训练效果对比

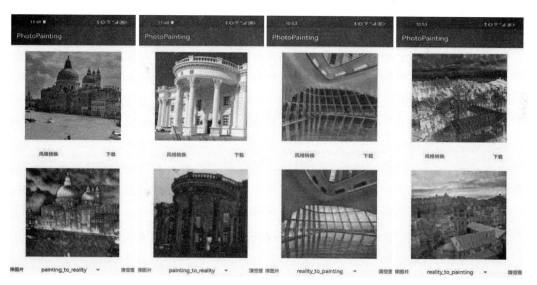

图 11-15　测试效果

项目 12

目标检测网页应用

本项目通过 YOLOv5 模型对数据集进行训练，并设计一款基于 Flask 的网页，实现对目标检测与跟踪的可视化。

12.1　总体设计

本部分包括整体框架和系统流程。

12.1.1　整体框架

整体框架如图 12-1 所示。

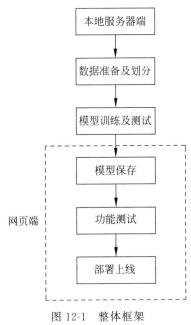

图 12-1　整体框架

12.1.2　系统流程

系统流程如图 12-2 所示。

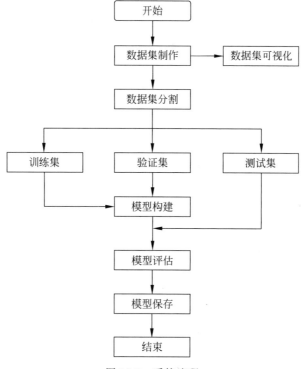

图 12-2　系统流程

12.2　运行环境

本部分包括 Python 环境、PyTorch 环境和网络环境。

12.2.1　Python 环境

在 Windows 环境下下载 Anaconda，完成 Python 3.8 及以上版本的环境配置，如图 1-3 所示。

12.2.2　PyTorch 环境

（1）YOLOv5 需要 PyTorch 1.6 以上版本。

（2）安装 CUDA 后在环境中输入如下命令，如图 12-3 所示。

```
pip install torch == 1.7.0 + cu101 torchvision == 0.8.1 + cu101 torchaudio === 0.7.0 - f
```

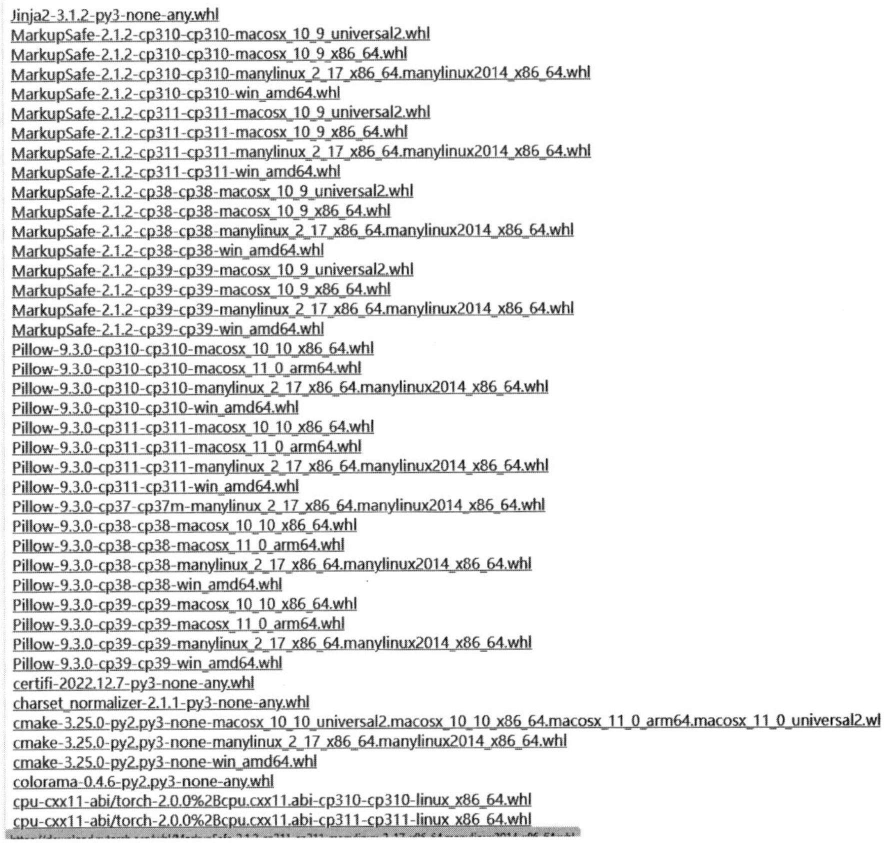

```
Jinja2-3.1.2-py3-none-any.whl
MarkupSafe-2.1.2-cp310-cp310-macosx_10_9_universal2.whl
MarkupSafe-2.1.2-cp310-cp310-macosx_10_9_x86_64.whl
MarkupSafe-2.1.2-cp310-cp310-manylinux_2_17_x86_64.manylinux2014_x86_64.whl
MarkupSafe-2.1.2-cp310-cp310-win_amd64.whl
MarkupSafe-2.1.2-cp311-cp311-macosx_10_9_universal2.whl
MarkupSafe-2.1.2-cp311-cp311-macosx_10_9_x86_64.whl
MarkupSafe-2.1.2-cp311-cp311-manylinux_2_17_x86_64.manylinux2014_x86_64.whl
MarkupSafe-2.1.2-cp311-cp311-win_amd64.whl
MarkupSafe-2.1.2-cp38-macosx_10_9_universal2.whl
MarkupSafe-2.1.2-cp38-cp38-macosx_10_9_x86_64.whl
MarkupSafe-2.1.2-cp38-cp38-manylinux_2_17_x86_64.manylinux2014_x86_64.whl
MarkupSafe-2.1.2-cp38-cp38-win_amd64.whl
MarkupSafe-2.1.2-cp39-macosx_10_9_universal2.whl
MarkupSafe-2.1.2-cp39-cp39-macosx_10_9_x86_64.whl
MarkupSafe-2.1.2-cp39-cp39-manylinux_2_17_x86_64.manylinux2014_x86_64.whl
MarkupSafe-2.1.2-cp39-cp39-win_amd64.whl
Pillow-9.3.0-cp310-cp310-macosx_10_10_x86_64.whl
Pillow-9.3.0-cp310-cp310-macosx_11_0_arm64.whl
Pillow-9.3.0-cp310-cp310-manylinux_2_17_x86_64.manylinux2014_x86_64.whl
Pillow-9.3.0-cp310-cp310-win_amd64.whl
Pillow-9.3.0-cp311-cp311-macosx_10_10_x86_64.whl
Pillow-9.3.0-cp311-cp311-macosx_11_0_arm64.whl
Pillow-9.3.0-cp311-cp311-manylinux_2_17_x86_64.manylinux2014_x86_64.whl
Pillow-9.3.0-cp311-cp311-win_amd64.whl
Pillow-9.3.0-cp37-cp37m-manylinux_2_17_x86_64.manylinux2014_x86_64.whl
Pillow-9.3.0-cp38-cp38-macosx_10_10_x86_64.whl
Pillow-9.3.0-cp38-cp38-macosx_11_0_arm64.whl
Pillow-9.3.0-cp38-cp38-manylinux_2_17_x86_64.manylinux2014_x86_64.whl
Pillow-9.3.0-cp38-cp38-win_amd64.whl
Pillow-9.3.0-cp39-cp39-macosx_10_10_x86_64.whl
Pillow-9.3.0-cp39-cp39-macosx_11_0_arm64.whl
Pillow-9.3.0-cp39-cp39-manylinux_2_17_x86_64.manylinux2014_x86_64.whl
Pillow-9.3.0-cp39-cp39-win_amd64.whl
certifi-2022.12.7-py3-none-any.whl
charset_normalizer-2.1.1-py3-none-any.whl
cmake-3.25.0-py2.py3-none-macosx_10_10_universal2.macosx_10_10_x86_64.macosx_11_0_arm64.macosx_11_0_universal2.wl
cmake-3.25.0-py2.py3-none-manylinux_2_17_x86_64.manylinux2014_x86_64.whl
cmake-3.25.0-py2.py3-none-win_amd64.whl
colorama-0.4.6-py2.py3-none-any.whl
cpu-cxx11-abi/torch-2.0.0%2Bcpu.cxx11.abi-cp310-cp310-linux_x86_64.whl
cpu-cxx11-abi/torch-2.0.0%2Bcpu.cxx11.abi-cp311-cp311-linux_x86_64.whl
```

图 12-3　安装 CUDA

12.2.3　网络环境

本部分包括前端搭建、创建项目、服务器端搭建和运行项目。

1. 前端搭建

IDEA 工具为 WebStorm，Vue 环境搭建和工具步骤如下。

（1）安装 node.js 环境（npm 包管理器）。

（2）cnpm npm 命令：npm install -g cnpm- vue-cli。

（3）脚手架构建命令：cnpm install -g vue-cli。

2. 创建项目

（1）打开终端或命令提示符，输入 cd 命令，然后输入 vue init webpack projectDir 命令创建项目。

（2）安装项目依赖到 node-modules 目录，命令如下：cnpm install。

（3）在运行项目时会提示当前应用在哪个网址可访问。

（4）访问界面，在浏览器中输入提示网址可以看到初始界面。

（5）Vue 框架如图 12-4 所示。

图 12-4　Vue 框架

（6）运行 Vue 项目。

（7）axios 前端接口请求 Client，如图 12-5 所示。

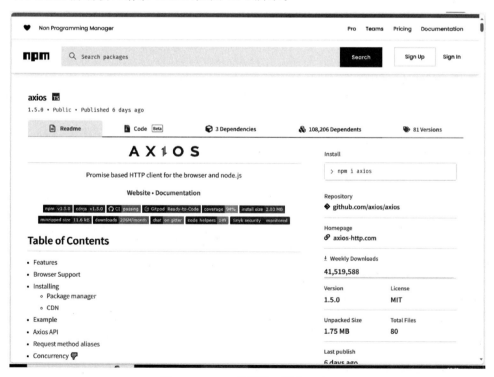

图 12-5　axios 前端接口请求 Client

3．服务器端搭建

IDEA 工具：PyCharm（社区版）。Flask Web 框架安装步骤如下。

（1）使用 anaconda 工具搭建专用虚拟环境。

（2）安装 Flask 库：pip install flask。

（3）安装之后在项目 import flask 中找到 flask module。

4. 运行项目

使用 Flask Web，运行 app. py，查看效果。

这种情况类似在本地使用 npm run dev，查看 build 后的 Vue 界面（只能在终端访问，并没有部署到服务器端）。

12.3　模块实现

本部分包括数据准备、模型构建和模型训练，下面分别给出各模块的功能介绍及相关代码。

12.3.1　数据准备

使用爬虫收集图像，通过 Labelimg 标注图像，然后对数据集的格式进行转换，将 XML 转换为 YOLO 格式的标签，并将数据集划分为训练集和验证集。

（1）convert_🛡data. py 文件用于数据预处理，转换数据集格式。

（2）🛡split. py 文件用于划分训练集和验证集。

相关代码见"代码文件 12-1"。

12.3.2　模型构建

数据加载进模型之后，需要定义结构并优化函数。

1. 定义结构

定义的架构为 2 个卷积层，在每层卷积后都连接 1 个池化层、1 个全连接层和 1 个 softmax 层。在每层卷积层上使用多个滤波器提取不同类型的特征。在最大池化和全连接层之后，模型引入了 dropout 正则化技术，用以消除模型的过拟合问题，提高模型的泛化能力。

第一个滤波器有助于检测图像中的直线，第二个滤波器有助于检测图像中的圆形。由于需要保存节点文件到. pb 文件中，传输 Android 系统进行应用需要自行构建网络节点，不可以直接调用 TensorFlow 中的网络库。

2. 优化函数

修改 utils/general. py，增加 EIoU。

```
elif EIoU:
            w = (w1 - w2) * (w1 - w2)
            h = (h1 - h2) * (h1 - h2)
            return iou - (rho2/c2 + w/(cw ** 2) + h/(ch ** 2))
```

将 utils/loss.py 中边框位置回归损失函数改为 EIoU。

```
iou = bbox_iou(pbox.T, tbox[i], x1y1x2y2 = False, EIoU = True)
```

12.3.3　模型训练

本部分包括预训练和模型量化。

1. 预训练

将预训练模型下载到 weights 文件夹下。设置 yaml 文件,同时修改官方的权重文件 yolov5s.yaml 下的类别数,然后在 cmd 中输入如下命令后开始训练。

```
python train.py -- img 640 -- batch 4 -- epoch 300 -- data ./data/myvoc.yaml -- cfg
./models/yolov5m.yaml -- weights weights/yolov5m.pt -- workers 0
```

训练输出结果如图 12-6 所示。

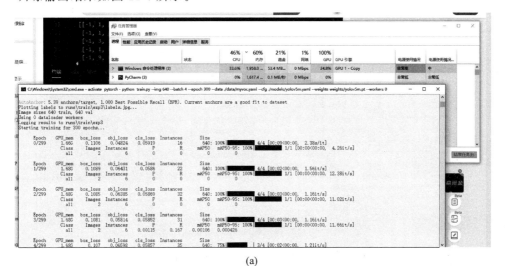

(a)

(b)

图 12-6　训练输出结果

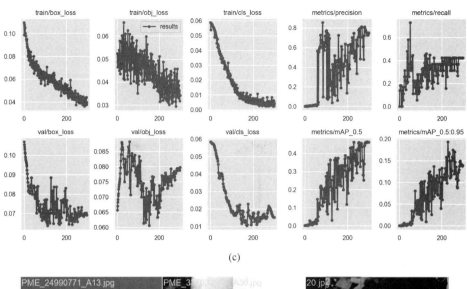

(c)

(d)

图 12-6 （续）

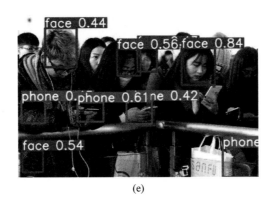

(e)

图 12-6　（续）

2. 模型量化

自主训练的模型需要进行量化，导出半精度模型重新保存，转换代码为 slim.py。相关代码见"代码文件 12-2"。

12.4　系统测试

本部分包括训练结果及测试效果。

12.4.1　训练结果

训练结果如图 12-7 所示。

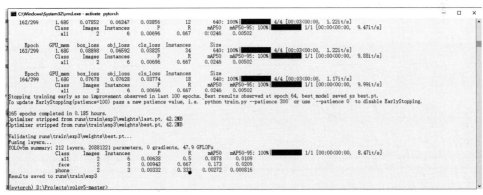

(a)

图 12-7　训练结果

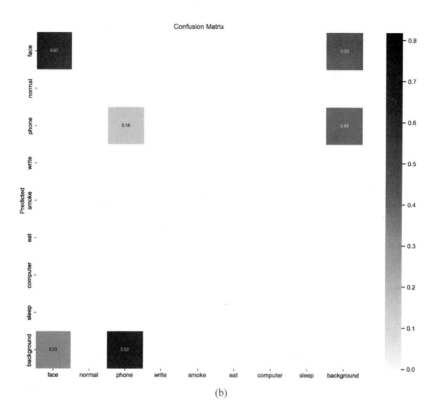

(b)

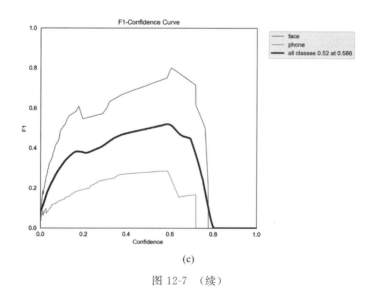

(c)

图 12-7 （续）

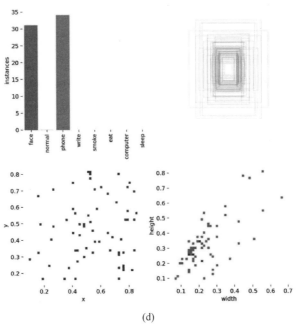

(d)

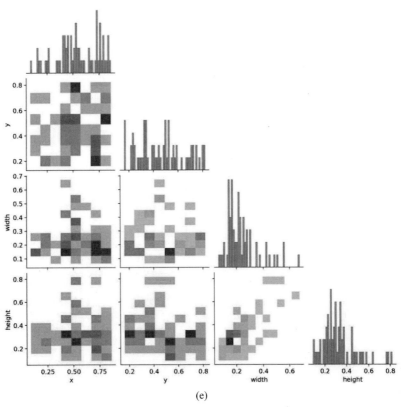

(e)

图 12-7　（续）

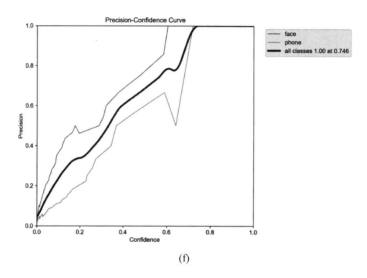

(f)

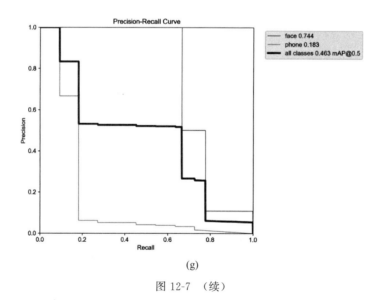

(g)

图 12-7 （续）

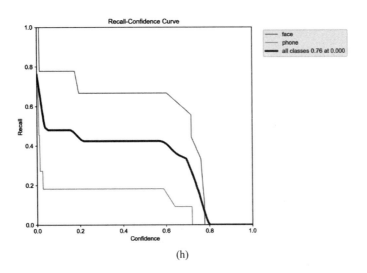

(h)

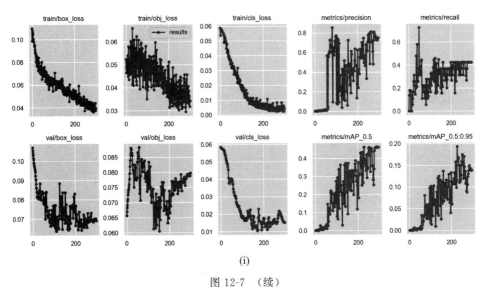

(i)

图 12-7　（续）

12.4.2　测试效果

将需要监测的视频置入根目录,运行 Python app.py 启动 Flask 服务,测试效果如图 12-8 所示。

将数据带入模型进行测试,分类的标签与原始数据进行对比,如图 12-9 所示,可以得到验证:模型基本可以实现对目标分类监测识别。

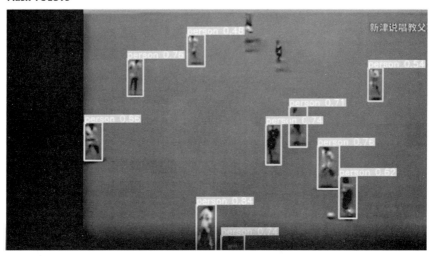

(a)

(b)

图 12-8　测试效果

(a)

(b)

图 12-9　测试效果

项目 13

图 像 隐 写

本项目采用 Tiny-Imagenet 数据集,将一个完整尺寸的彩色图像置于另一个相同大小的图像中,实现图像隐写功能。

13.1 总体设计

本部分包括整体框架和系统流程。

13.1.1 整体框架

整体框架如图 13-1 所示。

图 13-1 整体框架

13.1.2　系统流程

系统流程如图 13-2 所示。

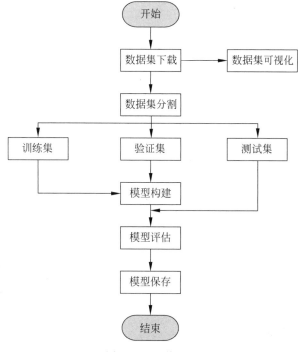

图 13-2　系统流程

13.2　运行环境

在 Windows 环境下下载 Anaconda,完成 Python 3.9 版本的环境配置,如图 1-3 所示。用到的库包括 Tensorflow 2.10、Keras 2.10、Tqdm 4.64.1 和 Streamlit 1.11。

13.3　模块实现

本部分包括数据准备、模型实现、模型训练及评估、模型保存,下面分别给出各模块的功能介绍及相关代码。

13.3.1　数据准备

本数据集共有 200 个图像类,其中 500 张图像用于训练,50 张图像用于验证,50 张图像用于测试,每张图像被预处理且裁剪成 64×64×3 像素大小。相关数据见"数据集文件 13-1"。

输出数据集图像参数如图 13-3 所示。

```
Number of training examples = 2000
Number of test examples = 2000
X_train shape: (2000, 64, 64, 3)
```

图 13-3　输出数据集图像参数

将训练集分成两部分：前半部分用于训练作为隐藏图像，后半部分用于封面图像，相关代码如下。

```
#S: 隐藏图像
input_S = X_train[0:X_train.shape[0] // 2]
print(input_S.shape[1:])
#C: 封面图像
input_C = X_train[X_train.shape[0] // 2:]
# % %
```

最后测试训练集图像是否成功导入，相关代码及结果如下。

```
fig = plt.figure(figsize = (8, 8))
columns = 4
rows = 5
for i in range(1, columns * rows + 1):
    #Randomly sample from training dataset
    img_idx = np.random.choice(X_train.shape[0])
    fig.add_subplot(rows, columns, i)
    plt.imshow(X_train[img_idx])
```

训练集样本照片如图 13-4 所示。

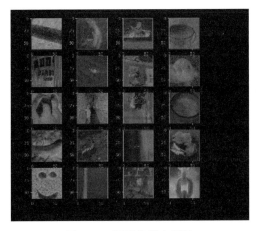

图 13-4　训练集样本照片

13.3.2　模型实现

数据加载进模型之后，需要定义结构并优化函数。

1. 定义结构

该模型由三部分组成：隐藏网络（编码器）、显示网络和准备网络。隐藏和显示网络使用 5 层 65 个过滤器（50 个 3×3，10 个 4×4，5 个 5×5）。对于准备网络，只使用具有相同结构的 2 层。相关代码见"代码文件 13-2"。

2. 优化损失函数及模型

通过梯度下降方法优化模型参数。

```
#定义损失函数
beta = 1.0 #用于对隐藏图像和封面图像的损失进行加权
def rev_loss(s_true, s_pred):
    return beta * K.sum(K.square(s_true - s_pred))
```

13.3.3　模型训练及评估

在定义模型架构和编译模型之后，使用训练集训练模型，使得模型可以实现图像隐写功能。本项目自定义学习率，训练 1000 个 epoch，训练输出结果如图 13-5 所示。相关代码见"代码文件 13-3"。

```
                                                                         1.06it/s]
      Epoch 996 | Batch: 992 of 1000. Loss AE    1191.26 | Loss Rev    490.03: 100%|████████| 32/32 [00:30<00:00,
      1.06it/s]
      Epoch 997 | Batch: 992 of 1000. Loss AE    1186.10 | Loss Rev    486.42: 100%|████████| 32/32 [00:30<00:00,
      1.06it/s]
      Epoch 998 | Batch: 992 of 1000. Loss AE    1181.58 | Loss Rev    486.15: 100%|████████| 32/32 [00:30<00:00,
      1.06it/s]
      Epoch 999 | Batch: 992 of 1000. Loss AE    1184.06 | Loss Rev    483.56: 100%|████████| 32/32 [00:30<00:00,
      1.06it/s]
      Epoch 1000 | Batch: 992 of 1000. Loss AE    1181.18 | Loss Rev    484.38: 100%|████████| 32/32 [00:30<00:00,
      1.06it/s]
```

图 13-5　训练输出结果

可以将训练过程中保存的准确率和损失函数以图像的形式表现出来，以便观察，一般当损失率逐渐降低且趋于平稳为模型最佳状态。

```
#Plot loss through epochs
plt.plot(loss_history)
plt.title('Model loss')
plt.ylabel('Loss')
plt.xlabel('Epoch')
plt.show()
```

通过计算得到输出与期望值之间的绝对差值，同时计算封面和隐藏图像的每个像素误差平方和的平均值，并以直方图形式表现出来，相关代码如下。

```
#Retrieve decoded predictions.
decoded = autoencoder_model.predict([input_S, input_C])
decoded_S, decoded_C = decoded[...,0:3], decoded[...,3:6]
#输出与期望值之间的绝对差值
diff_S, diff_C = np.abs(decoded_S - input_S), np.abs(decoded_C - input_C)
def pixel_errors(input_S, input_C, decoded_S, decoded_C):
```

```
        see_Spixel = np.sqrt(np.mean(np.square(255 * (input_S - decoded_S))))
        see_Cpixel = np.sqrt(np.mean(np.square(255 * (input_C - decoded_C))))
        return see_Spixel, see_Cpixel
def pixel_histogram(diff_S, diff_C):
    # 直方图表示
    diff_Sflat = diff_S.flatten()
    diff_Cflat = diff_C.flatten()
    fig = plt.figure(figsize = (15, 5))
    a = fig.add_subplot(1,2,1)
    imgplot = plt.hist(255 * diff_Cflat, 100, density = 1, alpha = 0.75, facecolor = 'red')
    a.set_title('Distribution of error in the Cover image.')
    plt.axis([0, 250, 0, 0.2])
    a = fig.add_subplot(1,2,2)
    imgplot = plt.hist(255 * diff_Sflat, 100, density = 1, alpha = 0.75, facecolor = 'red')
    a.set_title('Distribution of errors in the Secret image.')
    plt.axis([0, 250, 0, 0.2])
    plt.show()
# 输出 256 级像素的平均错误
S_error, C_error = pixel_errors(input_S, input_C, decoded_S, decoded_C)
print ("S error per pixel [0, 255]:", S_error)
print ("C error per pixel [0, 255]:", C_error)
```

封面图像和隐藏图像平均像素错误及分布直方图如图 13-6 所示。

```
S error per pixel [0, 255]: 6.90877
C error per pixel [0, 255]: 10.7178
```

```
# Plot distribution of errors in cover and secret images.
pixel_histogram(diff_S, diff_C)
```

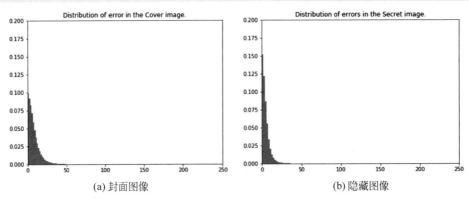

(a) 封面图像   (b) 隐藏图像

图 13-6   平均像素错误及分布直方图

13.3.4   模型保存

为了能够部署到网页端实现图像隐写功能，通过 keras 自带的保存模型权重功能对模型参数进行保存。模型被保存后，可以被重用，也可以移植到其他环境中使用。

```
# Save model
autoencoder_model.save_weights('models/model_test2.hdf5')
```

本项目采用 streamlit 库实现网页端部署,可直接通过 Python 实现界面布局以及网页生成,并可通过已有 API 实现图像导入及模型运行等功能。

完整代码见"代码文件 13-4"。

网页效果如图 13-7 所示。

图 13-7　网页效果

13.4　系统测试

本部分包括训练准确率及测试效果。

13.4.1　训练准确率

训练准确率达到了 95% 以上,意味着这个预测模型训练比较成功。如果查看整个训练日志,就会发现随着 epoch 次数的增多,模型在训练数据、测试数据上的损失逐渐收敛,如图 13-8 所示,最终趋于稳定。

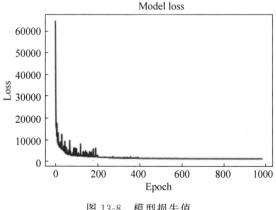

图 13-8　模型损失值

13.4.2 测试效果

Streamlit 项目编译成功后，可通过 Anaconda Prompt 运行代码打开网页，如图 13-9 所示。

图 13-9 命令行窗口

网页初始界面如图 13-10 所示。

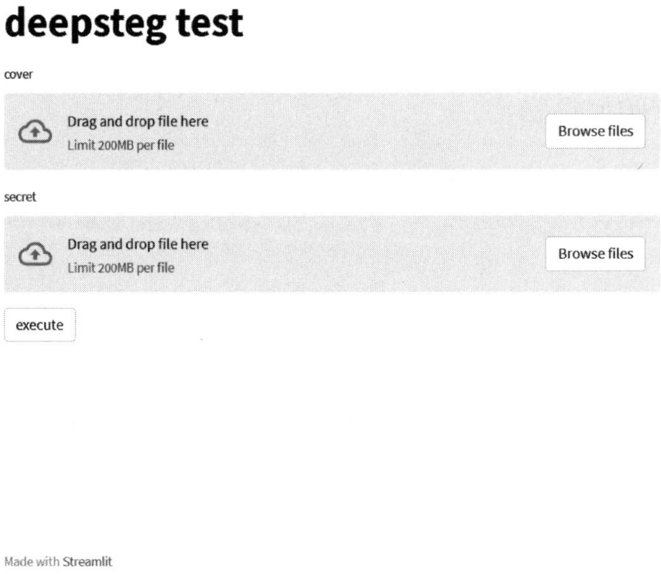

deepsteg test

cover

Drag and drop file here
Limit 200MB per file   Browse files

secret

Drag and drop file here
Limit 200MB per file   Browse files

execute

Made with Streamlit

图 13-10 网页初始界面

界面从上至下是三个按钮，前两个为导入封面及隐藏图像按钮，最后一个是执行模型按钮。图像导入后会有显示，如图 13-11 所示；模型执行完成后界面如图 13-12 所示。

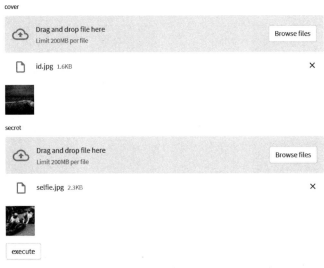

图 13-11　图像导入界面

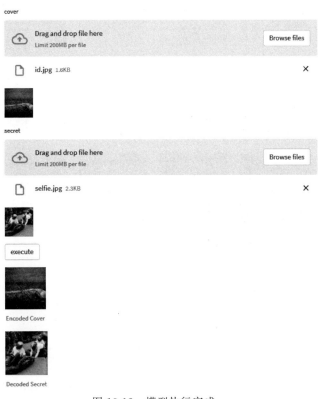

图 13-12　模型执行完成

将数据代入模型进行测试,分类的标签与原始数据进行显示并对比,如图 13-13 所示,可以得到验证:模型基本可以实现图像隐写功能,且平均像素错误不影响人眼观察。

图 13-13　测试效果

图 像 检 索

本项目通过 VGG-16 模型提取训练集图像特征，实现图像检索系统。

14.1　总体设计

本部分包括整体框架和系统流程。

14.1.1　整体框架

整体框架如图 14-1 所示。

14.1.2　系统流程

系统流程如图 14-2 所示。

图 14-1　整体框架

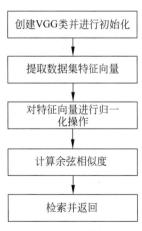

图 14-2　系统流程

14.2 运行环境

本部分包括 Python 环境和 TensorFlow 环境。

14.2.1 Python 环境

在 Windows 环境下下载 Anaconda, 完成 Python 3.6 及以上版本的环境配置, 如图 1-3 所示。

14.2.2 TensorFlow 环境

(1) 由于 TensorFlow 需要和 Keras 进行兼容, 因此选择 2.3.0 版本。

(2) 打开 Anaconda Prompt, 输入清华仓库镜像。

```
conda config -- add channels https://mirrors.tuna.tsinghua.edu.cn/anaconda/pkgs/free/
conda config - set show_channel_urls yes
```

(3) 创建一个 Python 3.8 的环境, 名称为 TensorFlow。

```
# 此时 Python 的版本和后面 TensorFlow 的版本如有匹配问题, 此步选择 python 3.x。
conda create - n tensorflow python = 3.5
```

(4) 有需要确认的地方都输入 y。

(5) 在 Anaconda Prompt 中激活 TensorFlow 环境:

```
activate tensorflow
```

(6) 安装 CPU 版本的 TensorFlow:

```
pip install - upgrade -- ignore - installed tensorflow        # CPU
```

(7) 安装完毕。

14.3 模块实现

本部分包括数据准备、模型初始化及移植、数字图像处理, 下面分别给出各模块的功能介绍及相关代码。

14.3.1 数据准备

数据集首页如图 14-3 所示。

动物数据集如图 14-4 所示。

当数据集下载完成后, 需要对数据集的目录结构进行整理。

(a)

(b)

图 14-3　数据集首页

图 14-4　动物数据集

（1）dataset 数据集总目录如图 14-5 所示。

（2）一级子目录如图 14-6 所示。

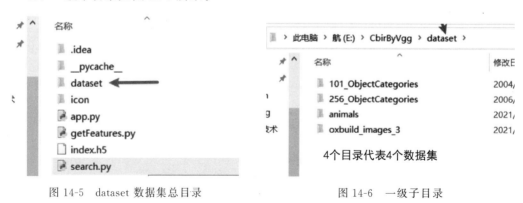

图 14-5　dataset 数据集总目录　　　　　图 14-6　一级子目录

（3）若二级子目录部分数据集只有一级目录，则需要手动增加一个同名目录，如图 14-7 所示。

（4）图像一级目录如图 14-8 所示。

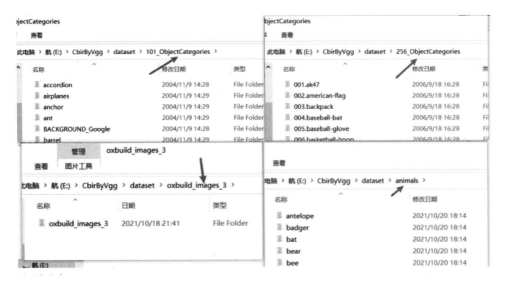

图 14-7　二级子目录

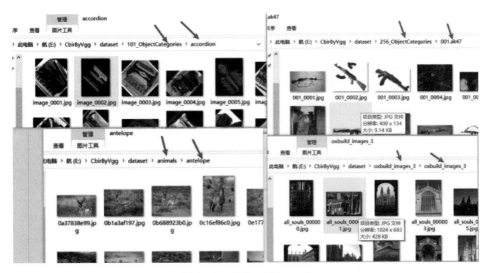

图 14-8　图像一级子目录

14.3.2　模型初始化及移植

（1）创建一个类，用于初始化 VGG-16 模型，其中主要有两部分：重写__init__()函数和提取特征向量。重写__init__()函数时，规定其输入形状为 224×224×3，使用在 ImageNet 上预训练过的权重和最大池化层。

（2）调用 keras. applications 的 VGG-16()函数返回 VGG-16 模型，并设置概率预测。get_feat()函数用于提取特征向量，函数有一个 img_path 参数作为待提取特征的图像路径。

（3）调用 keras. preprocessing. image 的 load_img()函数，按照 224×224 的目标尺寸加载图像。

（4）将其转换为 Numpy 数组并展开，便于分析计算。

（5）使用 keras. applications. vgg16 的 preprocess_input()函数进行预处理，包括像素缩放、RGB/BGR 转换等处理。

（6）返回图像属于每个类别的概率。

（7）将 features 经过 L2 范数归一化处理后返回。相关代码见"代码文件 14-1"。

14.3.3 数字图像处理

本部分包括数据集特征提取、图像检索、图像布局、提取特征类和函数调用类。

1. 数据集特征提取

创建一个 getFeatures 类，用于提取图像数据集的特征向量，并存储到. h5 文件中。首先，获取所有图像路径；其次，使用上一步创建的 VGGNet 类中的 get_feat()函数获取它们的归一化特征向量；最后，将所有的图像相对路径及其特征向量存储到 index. h5 文件中。相关代码见"代码文件 14-2"。

2. 图像检索

创建一个 search 类用于提取被检索图像的特征向量，并检索出数据集中与其最匹配的若干张图像。一是使用 VGGNet 类中的 get_feat()函数得到归一化特征向量；二是使用 numpy. dot()函数计算余弦相似度；三是使用 numpy. argsort()函数实现线性搜索；四是返回相似度最高的若干张图像的存储路径和相似度得分。

此外，建立 app. py 及 SelectAndSearch. py 文件，创建可视化界面程序后接收图像数据并显示。相关代码见"代码文件 14-3"。

3. 图像布局

布局文件相关代码见"代码文件 14-4"。

该布局文件提供 GUI 中各种控件和按钮的展示形式，不仅设置图像检索结果以 10 张为单位，返回相似度最高的搜索结果，还设置基本的交互模式，直观效果比较简洁明了。

4. 提取特征类

相关代码见"代码文件 14-5"。

这部分的内容是提取数据库内图像的特征，并将结果写入数据文件内，便于后续检索结果中匹配相似度最高的结果。

5. 函数调用类

相关代码见"代码文件 14-6"。

通过整个设计的中心调用函数，在函数连接之前构建的所有函数采用输入图像的方式，从数据文件中检索相似度最高的 10 张图像，返回其所在地址和文件名称，并在 GUI 中进行展示。

14.4　系统测试

将数据代入模型进行测试,对分类的标签与原始数据进行显示并对比,如图 14-9 所示,可以得到验证:模型基本可以实现本地图像的精确检索。

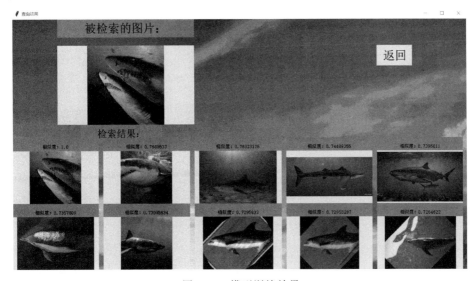

图 14-9　模型训练效果

可以根据本地的数据生成索引,也可以直接将数据存储在 dataset 文件夹下,运行 getFeature.py,提取本地图像特征,提高索引精确度。

打开 App,应用初始界面如图 14-10 所示。

图 14-10　应用初始界面

界面中有两个按钮,一个是选择图像,另一个是搜索。选择图像→本地输入的图像(可从测试集或外部图像中选择),如图 14-11 所示。

图 14-11　选择图像

测试结果如图 14-12 所示。

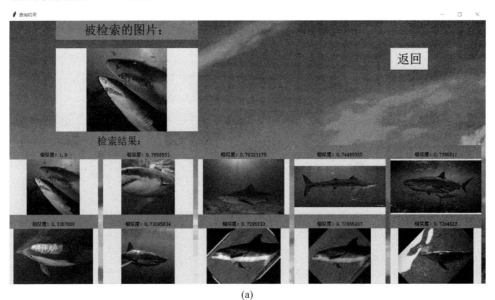

(a)

图 14-12　测试结果

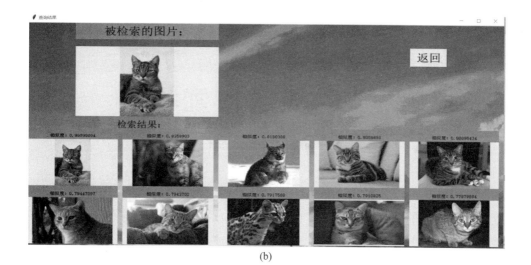

(b)

(c)

图 14-12 （续）

项目 15 人脸口罩检测

本项目基于 PyTorch 深度学习框架，使用 YOLOv5 算法训练检测模型，实现具备高准确率的移动端人脸口罩检测。

15.1 总体设计

本部分包括整体框架和系统流程。

15.1.1 整体框架

整体框架如图 15-1 所示。

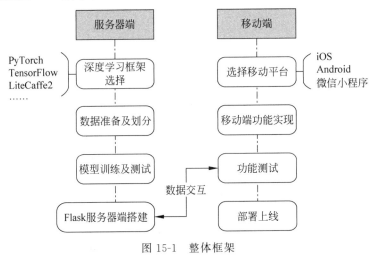

图 15-1 整体框架

15.1.2 系统流程

系统流程如图 15-2 所示。

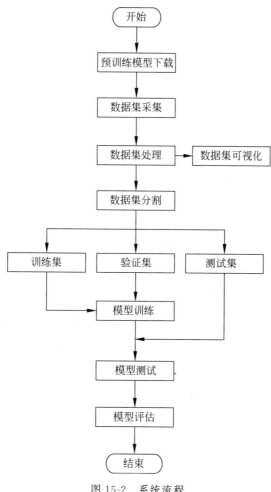

图 15-2　系统流程

15.2　运行环境

本部分包括 Python 环境、PyTorch 环境和微信小程序。

15.2.1　Python 环境

conda 是一个开源的软件包和环境的管理工具,通过 conda 可以创建多个相互独立的 Python 虚拟环境及其依赖关系,从而满足不同项目的需求。

Miniconda 是 conda 的轻量版安装程序,是 Anaconda 的小型引导程序版本,仅包含 conda、Python 及其依赖的软件包和少量其他有用的软件包,如图 15-3 所示。

在 Windows 环境下使用 Miniconda 搭建虚拟环境,选用 Python 3.8 版本完成环境配置。安装 Miniconda 后,可在命令提示符中输入 conda,判断是否安装成功,如图 15-4 所示。

图 15-3　Miniconda 版安装程序

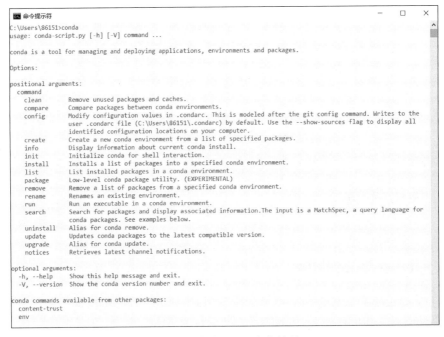

图 15-4　检验 conda 安装情况

15.2.2　PyTorch 环境

（1）打开 Anaconda Prompt，输入国内仓库镜像源，能够起到加速所需依赖包的下载速度。

```
conda config -- remove-key channels
conda config -- add channels https://mirrors.ustc.edu.cn/anaconda/pkgs/main/
conda config -- add channels https://mirrors.ustc.edu.cn/anaconda/pkgs/free/
conda config -- add channels https://mirrors.bfsu.edu.cn/anaconda/cloud/pytorch/
conda config -- set show_channel_urls yes
pip config set global.index-url https://mirrors.ustc.edu.cn/pypi/web/simple
```

（2）创建 Python 3.8 的环境，命名为 YOLOv5。

```
conda create -n yolo5 python == 3.8
```

（3）在 Anaconda Prompt 中激活所创建的 YOLOv5 环境。

```
conda activate yolo5
```

（4）安装 GPU 版本的 PyTorch。

```
conda install pytorch == 1.10.0 torchvision torchaudio cudatoolkit = 10.2 ♯指定安装 PyTorch
1.10.0 和 cuda 10.2 版本
```

（5）安装完毕后，运行 YOLOv5 项目中的 requirements.txt 文件，将所需其他依赖包导入 pip install -r requirements.txt 中。

15.2.3　微信小程序

（1）在微信公众平台填写账号信息，创建个人小程序。在开发管理→开发设置菜单中，找到并记录注册好的微信小程序 ID（即 App ID），如图 15-5 所示。

图 15-5　申请微信小程序

（2）安装微信开发者工具，如图 15-6 所示。

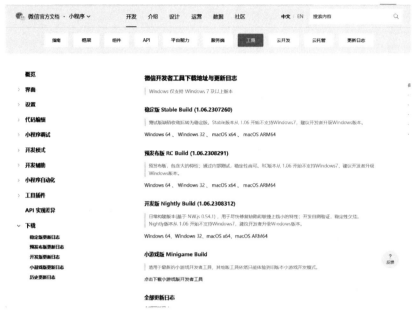

图 15-6　安装微信开发者工具

（3）创建小程序项目，打开微信开发者工具，输入项目名称、App ID 等，单击确定按钮后完成项目创建工作，如图 15-7 所示。

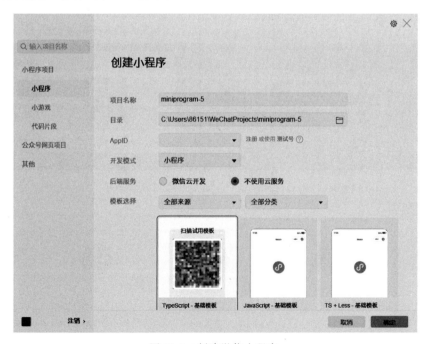

图 15-7　创建微信小程序

15.3　模块实现

本部分包括数据准备、模型训练、服务器端部署和移动端应用。下面分别给出各模块的功能介绍及相关代码。

15.3.1　数据准备

本部分包括数据采集和数据处理。

1. 数据采集

下载人脸口罩数据集，如图 15-8 所示。

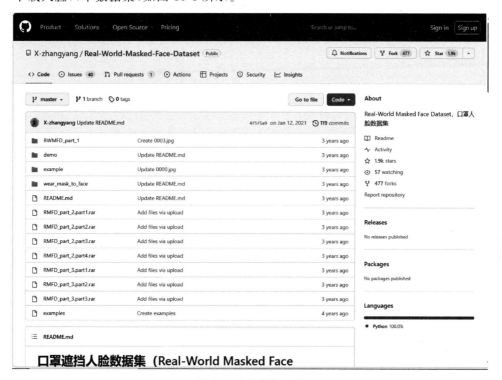

图 15-8　数据集下载

2. 数据处理

采取人工方式进行数据清洗，去除人脸或者口罩模糊、位置异常的图像，挑选清晰可见的图像。

本项目的数据集包括 500 张戴口罩/未戴口罩人脸图像。为了训练自定义数据集，采用 LabelImg 工具对图像信息进行数据标注。LabelImg 是一个常用的目标检测数据标注工具，可以将数据标注为 YOLO 算法所需的标签格式，并将标注的标签信息存储在 .txt 文件中。

通过 pip 下载 LabelImg 工具,如图 15-9 所示。

```
(yolov5) D:\Aprojects\mask_detect>pip install labelimg
Looking in indexes: https://mirrors.ustc.edu.cn/pypi/web/simple
Collecting labelimg
  Using cached labelImg-1.8.6-py2.py3-none-any.whl
Requirement already satisfied: pyqt5 in d:\conda\miniconda3\envs\yolov5\lib\site-packages (from labelimg) (5.15.7)
Collecting lxml
  Downloading https://mirrors.bfsu.edu.cn/pypi/web/packages/95/2c/b6326b95954fcd2d1133ff60e7c10af8d7dd17b52d09eaa6db828f
d13afb/lxml-4.9.2-cp38-cp38-win_amd64.whl (3.9 MB)
     ------------------------------------- 3.9/3.9 MB 1.2 MB/s eta 0:00:00
Requirement already satisfied: PyQt5-sip<13,>=12.11 in d:\conda\miniconda3\envs\yolov5\lib\site-packages (from pyqt5->la
belimg) (12.11.0)
Installing collected packages: lxml, labelimg
Successfully installed labelimg-1.8.6 lxml-4.9.2

(yolov5) D:\Aprojects\mask_detect>labelimg_
```

图 15-9　下载 LabelImg 工具

打开 LabelImg,选择 YOLO 数据格式,如图 15-10 所示。

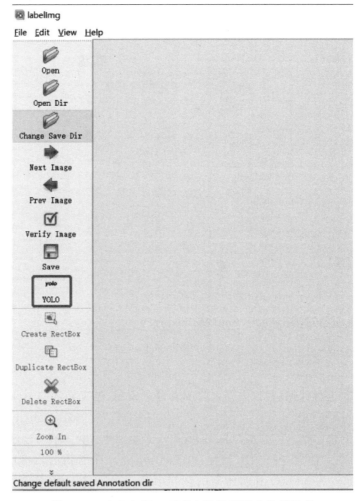

图 15-10　在 LabelImg 工具中选择 YOLO 数据格式

选取图像进行数据标注,这里将数据分为戴口罩(mask)及未戴口罩(no_mask)两类,如图 15-11 所示。

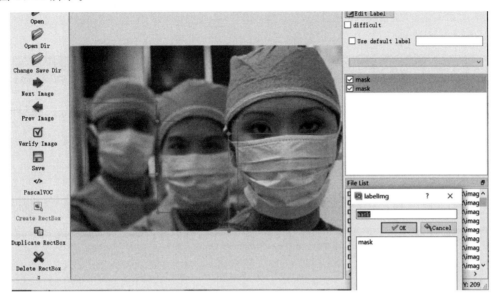

图 15-11 使用 LabelImg 进行标注

生成的标签信息中包含类别及边界框位置信息,其中每行的格式为 class x_center y_center width height,标签信息如图 15-12 所示。

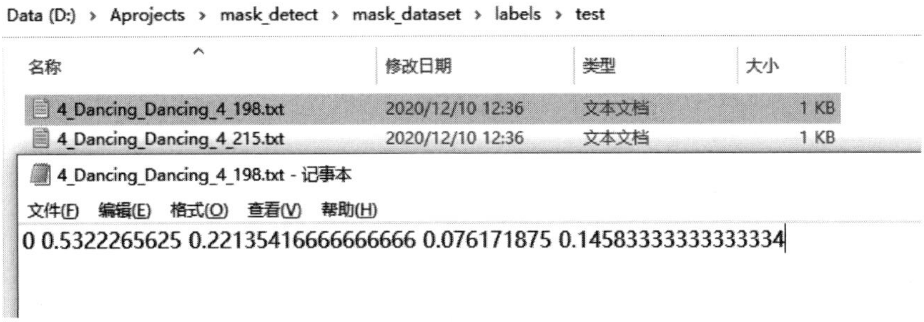

图 15-12 标签信息

标注完成后,将图像数据和生成的标签数据分别按照 3∶1∶1 的比例划分为训练集(共300 张)、验证集(共 100 张)、测试集(共 100 张)。

仿照 YOLO v5 原格式,创建 1 个 mask_dataset 文件夹和 images、labels 子文件夹,其中子文件夹中分别存储待训练的图像及标注后的标签数据,并需保证与文件名一一对应,至此数据准备完毕。

15.3.2 模型训练

首先准备预训练权重,然后修改项目中的相应配置文件,通过 train.py 函数对模型进行训练。

1．修改配置

为了缩短神经网络的训练时间，从而达到更好的精度，需要根据数据集大小选择适合的预训练权重，如图 15-13 所示。

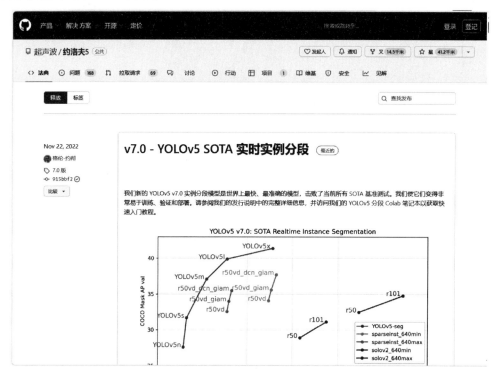

图 15-13　修改配置

（1）选用 YOLOv5s.pt 权重，并将其存储在 weights 目录下，如图 15-14 所示。

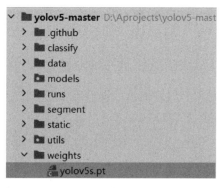

图 15-14　准备预训练权重

（2）修改数据配置文件。在 data 目录下找到 .yaml 文件，并填写划分好的数据集路径及分类信息，如图 15-15 所示。

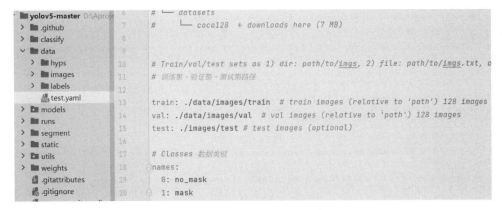

图 15-15　修改数据配置文件

（3）修改模型配置文件。由于选用 YOLOv5s.pt 文件，需要对 models 目录下的 YOLOv5s.yaml 文件进行修改，将其中的数据类别 nc 修改为 2，如图 15-16 所示。

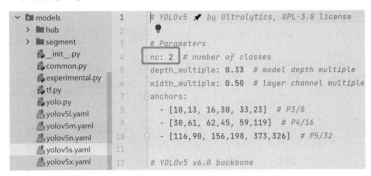

图 15-16　修改模型配置文件

2. 模型训练

调用 train.py 文件进行训练，可直接在终端中输入如下命令：

```
python train.py -- data data/test.yaml -- weights weights/yolov5s.pt -- cfg models/yolov5s.
yaml -- epochs 50 -- batch - size 2 -- rect
```

选择参数如下：

（1）data、--cfg 分别为之前编辑好的数据集和模型配置文件；

（2）weights 为预训练模型 YOLOv5s.pt；

（3）epochs 为训练的轮次，选用 50；

（4）batch-size 为每次读入的图像数量，根据设备性能选用 4；

（5）rect 表示采用矩阵推理的方式训练模型，可允许输入图像不为正方形，如图 15-17 所示。

模型训练完毕，训练结果保存在项目根目录下的 runs\train\exp10 文件夹中，如图 15-18 所示。

```
C:\Windows\System32\cmd.exe - "D:\conda\Miniconda3\condabin\conda.bat" activate yolov5                    —   □   ×

(yolov5) D:\Aprojects\yolov5-master> python train.py --data data/test.yaml --weights weights/yolov5s.pt --cfg models/yolov5s.yaml
--epochs 50 --batch-size 4 --rect
train: weights=weights/yolov5s.pt, cfg=models/yolov5s.yaml, data=data/test.yaml, hyp=data\hyps\hyp.scratch-low.yaml, epochs=50, ba
tch_size=4, imgsz=640, rect=True, resume=False, nosave=False, noval=False, noautoanchor=False, noplots=False, evolve=None, bucket=
, cache=None, image_weights=False, device=0, multi_scale=False, single_cls=False, optimizer=SGD, sync_bn=False, workers=8, project
=runs\train, name=exp, exist_ok=False, quad=False, cos_lr=False, label_smoothing=0.0, patience=100, freeze=[0], save_period=-1, se
ed=0, local_rank=-1, entity=None, upload_dataset=False, bbox_interval=-1, artifact_alias=latest
github: skipping check (not a git repository), for updates see https://github.com/ultralytics/yolov
requirements: YOLOv5 requirement "yaml~=0.2.5" not found, attempting AutoUpdate...
ERROR: Could not find a version that satisfies the requirement yaml~=0.2.5 (from versions: none)
ERROR: No matching distribution found for yaml~=0.2.5
requirements: Command 'pip install "yaml~=0.2.5" ' returned non-zero exit status 1.
YOLOv5  2022-11-23 Python-3.8.15 torch-1.10.0 CUDA:0 (NVIDIA GeForce GTX 1660 Ti, 6144MiB)

hyperparameters: lr0=0.01, lrf=0.01, momentum=0.937, weight_decay=0.0005, warmup_epochs=3.0, warmup_momentum=0.8, warmup_bias_lr=0
.1, box=0.05, cls=0.5, cls_pw=1.0, obj=1.0, obj_pw=1.0, iou_t=0.2, anchor_t=4.0, fl_gamma=0.0, hsv_h=0.015, hsv_s=0.7, hsv_v=0.4,
degrees=0.0, translate=0.1, scale=0.5, shear=0.0, perspective=0.0, flipud=0.0, fliplr=0.5, mosaic=1.0, mixup=0.0, copy_paste=0.0
ClearML: run 'pip install clearml' to automatically track, visualize and remotely train YOLOv5  in ClearML
Comet: run 'pip install comet_ml' to automatically track and visualize YOLOv5  runs in Comet
TensorBoard: Start with 'tensorboard --logdir runs\train', view at http://localhost:6006/

                 from  n    params  module                                   arguments
  0                -1  1      3520  models.common.Conv                       [3, 32, 6, 2, 2]
  1                -1  1     18560  models.common.Conv                       [32, 64, 3, 2]
  2                -1  1     18816  models.common.C3                         [64, 64, 1]
  3                -1  1     73984  models.common.Conv                       [64, 128, 3, 2]
  4                -1  2    115712  models.common.C3                         [128, 128, 2]
  5                -1  1    295424  models.common.Conv                       [128, 256, 3, 2]
  6                -1  3    625152  models.common.C3                         [256, 256, 3]
  7                -1  1   1180672  models.common.Conv                       [256, 512, 3, 2]
```

图 15-17　模型训练过程

```
C:\Windows\System32\cmd.exe - "D:\conda\Miniconda3\condabin\conda.bat" activate yolov5                    —   □   ×

   Epoch    GPU_mem   box_loss   obj_loss   cls_loss  Instances       Size
   47/49     3.39G     0.0254    0.01425   0.000792          4        384: 100%|████████| 75/75 00:07
            Class     Images  Instances          P          R      mAP50   mAP50-95: 100%|████| 13/13 00:01
              all        100        374      0.884      0.776      0.829      0.492

   Epoch    GPU_mem   box_loss   obj_loss   cls_loss  Instances       Size
   48/49     3.39G    0.02446    0.01435   0.000805          4        384: 100%|████████| 75/75 00:07
            Class     Images  Instances          P          R      mAP50   mAP50-95: 100%|████| 13/13 00:01
              all        100        374      0.875      0.782      0.827      0.489

   Epoch    GPU_mem   box_loss   obj_loss   cls_loss  Instances       Size
   49/49     3.39G    0.02415    0.01422  0.0007576          4        384: 100%|████████| 75/75 00:07
            Class     Images  Instances          P          R      mAP50   mAP50-95: 100%|████| 13/13 00:01
              all        100        374      0.872      0.783      0.826      0.506

50 epochs completed in 0.131 hours.
Optimizer stripped from runs\train\exp10\weights\last.pt, 14.4MB
Optimizer stripped from runs\train\exp10\weights\best.pt, 14.4MB

Validating runs\train\exp10\weights\best.pt...
Fusing layers...
YOLOv5s summary: 157 layers, 7015519 parameters, 0 gradients, 15.8 GFLOPs
            Class     Images  Instances          P          R      mAP50   mAP50-95: 100%|████| 13/13 00:02
              all        100        374      0.872      0.783      0.826      0.506
          no_mask        100        318      0.777      0.602      0.668      0.316
             mask        100         56      0.966      0.964      0.984      0.696
Results saved to runs\train\exp10
```

图 15-18　训练结果

15.3.3　服务器端部署

部署服务器端是为了实现微信小程序前后端之间的通信，这里使用轻量级的 Web 应用框架 Flask 编写相应 API 代码，在本地服务器端进行部署，在同一个局域网下进行信息传递和系统检测，以供微信小程序调用并返回实时预测结果。

使用 pip install flask。

安装 Flask 模块步骤如下：

(1) 创建 upload,通过 POST 方法获取小程序前端传输的图像,重命名后保存在本地;

(2) 调用 YOLO v5 的模块 detect.py 并处理图像,实现人脸口罩检测;

(3) 将检测完毕的图像类别、置信度等文本信息进行保存,以 JSON 格式返回给小程序前端;

相关代码见"代码文件 15-1"。

15.3.4　移动端应用

本部分包括选择图像、上传(检测)图像及完整代码。

1. 选择图像

通过调用 wx.chooseMedia 接口,在图像选择成功后,保存图像临时路径。相关代码见"代码文件 15-2"。

2. 上传(检测)图像

本模块主要实现图像的上传功能及向服务器端请求检测结果。若成功则获取 base64 格式的图像、类别及置信度信息;若失败则在控制台中输出上传失败信息。相关代码见"代码文件 15-3"。

3. 完整代码

(1) 界面结构包含数据容器、图像容器、检测结果容器、选择图像及检测图像按钮等。相关代码见"代码文件 15-4"。

(2) 界面样式包含界面结构对应的风格。相关代码见"代码文件 15-5"。

15.4　系统测试

本部分包括训练准确率及模型推理测试。

15.4.1　训练准确率

打开 runs/train/exp10 文件夹,可查看模型各项性能指标信息。

1. 混淆矩阵

混淆矩阵按照真实类别和预测类别两个标准将数据进行汇总。行坐标轴代表真实类别,列坐标轴代表推理类别,如图 15-19 所示。

由图 15-19 可知,对于实际为 mask 类别的样本,模型有 96% 的概率能够将其分类为推理类别。

2. F1 曲线

F1 分数指的是精确率 Precision 和召回率 Recall 的调和平均数,取值范围为 0~1;数值越接近 1,对应的推理效果越好,如图 15-20 所示。

当置信度处于 0.05~0.85 区间时,mask 的推理效果较好。

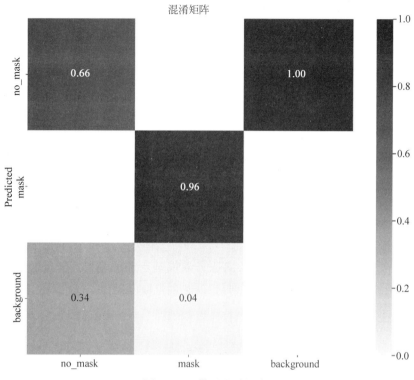

图 15-19 模型混淆矩阵

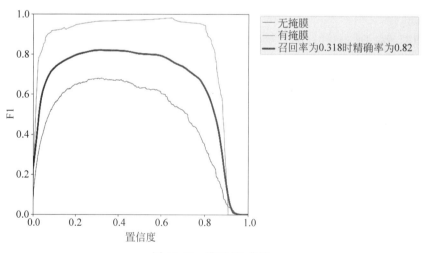

图 15-20 模型 F1 曲线

3. 单一类精确率

精确率表示预测为正的样本中有多少是真正的正样本,如图 15-21 所示。
当置信度达到 0.776 时,模型推理精确率达到 1。

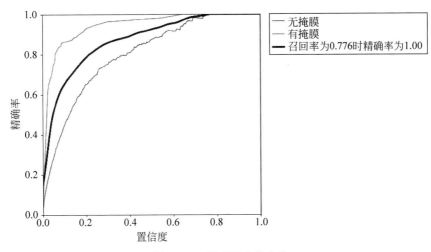

图 15-21　模型精确率曲线

4. 单一类召回率

召回率表示样本中的正例有多少被预测正确,如图 15-22 所示。

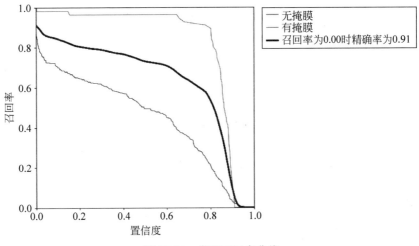

图 15-22　模型召回率曲线

当模型置信度阈值小于 0.7 时,得到最大的召回率。

5. 精确率和召回率关系图

PR 曲线体现精确率和召回率的关系。曲线所围面积为 AP,即平均精确率。mAP 是各类 AP 的平均值。mAP 越接近 1,说明曲线越接近(1,1),模型的检测效果越好,如图 15-23 所示。

所有类别的 mAP 值达到 0.826,且 mask 类的 AP 接近 1,说明本模型能够很好地检测图像中人物是否佩戴口罩,且对戴口罩类别检测效果更好。

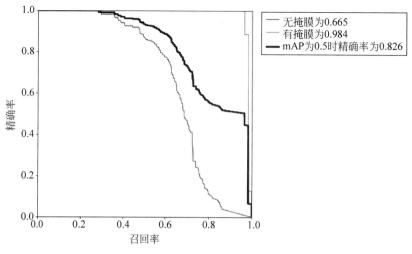

图 15-23　模型精确率-召回率曲线

15.4.2　模型推理测试

修改推理文件 detect.py 中的默认参数。选择 runs/train/exp10 中的 last.pt 作为权重文件，选择路径 data/images/test 下的测试集作为数据源，选择 test.yaml 作为数据配置文件，如图 15-24 所示。

```
def parse_opt():
    parser = argparse.ArgumentParser()
    parser.add_argument('--weights', nargs='+', type=str, default=ROOT / 'runs/train/exp10/weights/last.pt', help='model path or triton URL')
    parser.add_argument('--source', type=str, default=ROOT / 'data/images/test', help='file/dir/URL/glob/screen/0(webcam)')
    parser.add_argument('--data', type=str, default=ROOT / 'data/test.yaml', help='(optional) dataset.yaml path')
```

图 15-24　修改 detect.py 默认输入参数

直接运行 detect.py，即可在训练集下实现模型的推理测试，如图 15-25 所示。

```
运行:  flask_run ×   detect
▶   D:\conda\Miniconda3\envs\yolov5\python.exe D:\Aprojects\yolov5-master\detect.py
    detect: weights=runs\train\exp10\weights\last.pt, source=data\images\test, data=data\test.yaml, imgsz=[640, 640], conf_thres=0.25, iou_thr
    requirements: YOLOv5 requirement "yaml~=0.2.5" not found, attempting AutoUpdate...
    ERROR: Could not find a version that satisfies the requirement yaml~=0.2.5 (from versions: none)
    ERROR: No matching distribution found for yaml~=0.2.5
    requirements: Command 'pip install "yaml~=0.2.5" ' returned non-zero exit status 1.
    YOLOv5  2022-11-23 Python-3.8.15 torch-1.10.0 CUDA:0 (NVIDIA GeForce GTX 1660 Ti, 6144MiB)

    Fusing layers...
    YOLOv5s summary: 157 layers, 7015519 parameters, 0 gradients, 15.8 GFLOPs
    image 1/100 D:\Aprojects\yolov5-master\data\images\test\4_Dancing_Dancing_4_198.jpg: 480x640 1 no_mask, 9.0ms
    image 2/100 D:\Aprojects\yolov5-master\data\images\test\4_Dancing_Dancing_4_215.jpg: 608x640 1 no_mask, 9.0ms
    image 3/100 D:\Aprojects\yolov5-master\data\images\test\4_Dancing_Dancing_4_224.jpg: 640x576 2 no_masks, 9.0ms
    image 4/100 D:\Aprojects\yolov5-master\data\images\test\4_Dancing_Dancing_4_226.jpg: 640x480 1 no_mask, 8.0ms
    image 5/100 D:\Aprojects\yolov5-master\data\images\test\4_Dancing_Dancing_4_228.jpg: 480x640 1 no_masks, 8.0ms
```

图 15-25　模型推理测试

检测后的图像将自动保存，由图 15-26 可知，单张图像的检测速度约在 10.7ms。

打开检测图像保存路径，能看到测试图像的全部检测结果，如图 15-27 所示。

图 15-26　推理结果

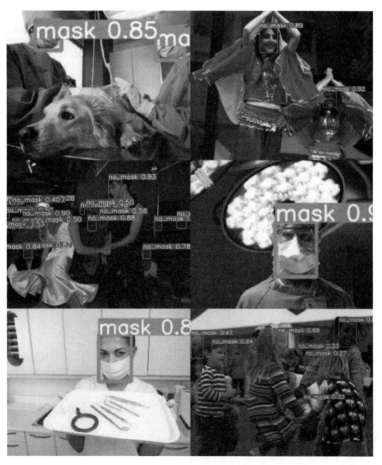

图 15-27　检测结果

如图 15-28 所示,运行 flask_run.py 文件,开启本地服务器端,以保证能够收到小程序前端传输的数据请求。

```
运行:    flask_run ×
        D:\conda\Miniconda3\envs\yolov5\python.exe D:\Aprojects\yolov5-master\flask_run.py
        * Serving Flask app 'flask_run' (lazy loading)
        * Environment: production
          WARNING: This is a development server. Do not use it in a production deployment.
          Use a production WSGI server instead.
        * Debug mode: on
        * Restarting with stat
        * Debugger is active!
        * Debugger PIN: 255-386-571
        * Running on http://127.0.0.1:90/ (Press CTRL+C to quit)
```

图 15-28　运行 flask_run.py

初始界面如图 15-29 所示,单击图像显示框或选择图像按钮,即可选择图像。

单击检测图像按钮,将上传图像至服务器端进行处理,同时会显示检测中提示框,如图 15-30 所示。

图 15-29　小程序初始界面　　　　　　　　　　图 15-30　小程序检测图像

检测完成后,提示框将显示检测完毕并自动关闭。此外,会在图像下方显示检测结果(即佩戴口罩与否)和相应的置信度,如图 15-31 所示。

如需检测其他图像,可再次单击选择图像按钮进行选择,然后单击检测图像按钮进行检测,如图 15-32 所示。

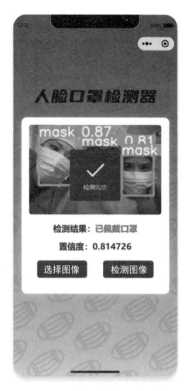
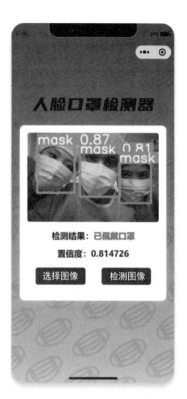

图 15-31　小程序检测结果

图 15-32　测试结果

生活垃圾识别

本项目基于 YOLO 的生活垃圾分类处理方法,提高垃圾处理效率,实现简单的生活垃圾识别。

16.1 总体设计

本部分包括整体框架和系统流程。

16.1.1 整体框架

整体框架如图 16-1 所示。

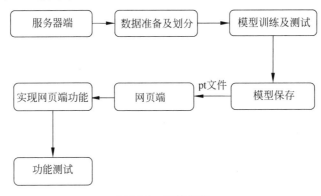

图 16-1 整体框架

16.1.2 系统流程

系统流程如图 16-2 所示。

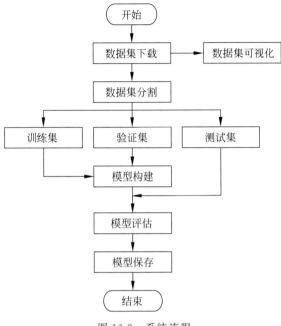

图 16-2　系统流程

16.2　运行环境

本部分包括 Python 环境、PyTorch 环境和网页端。

16.2.1　Python 环境

在 Windows 环境下下载 Anaconda，完成 Python 3.8 版本的环境配置，如图 1-3 所示。

16.2.2　PyTorch 环境

(1) 打开 Anaconda Prompt，输入清华仓库镜像：

```
conda config -- add channels https://mirrors.tuna.tsinghua.edu.cn/anaconda/pkgs/free/
conda config - set show_channel_urls yes
```

(2) 创建 python 3.8 的环境，名称为 pytorch_gpu：

```
conda create - n pytorch_gpu python = 3.8
```

(3) 在 Anaconda Prompt 中激活 pytorch_gpu 环境：

```
conda activate pytorch_gpu
```

(4) 安装 GPU 版本的 PyTorch：

```
conda install pytorch torchvision torchaudio cudatoolkit = 10.2
```

(5) 有需要确认的地方都输入 y。

（6）安装成功界面如图 16-3 所示。

```
(base) C:\Users\          >conda activate pytorch_gpu

(pytorch_gpu) C:\Users\          >python
Python 3.8.12 (default, Oct 12 2021, 03:01:40) [MSC v.1916 64 bit (AMD64)] :: Anaconda, Inc. on win32
Type "help", "copyright", "credits" or "license" for more information.
>>> import torch
>>> torch.cuda.is_available()
True
>>>
```

图 16-3　安装成功界面

16.2.3　网页端

Streamlit 是基于 Python 的可视化工具，它生成的是一个可交互的站点，无须编写任何 HTML、CSS 或 JS 代码就可以生成界面。

16.3　模块实现

本部分包括数据准备、模型构建、模型训练和模型保存，下面分别给出各模块的功能介绍及相关代码。

16.3.1　数据准备

VOC 数据集是一个生活垃圾图像数据集，包含约 1.5 万张图像，其中 90％用于训练模型，10％用于验证，如图 16-4 所示。

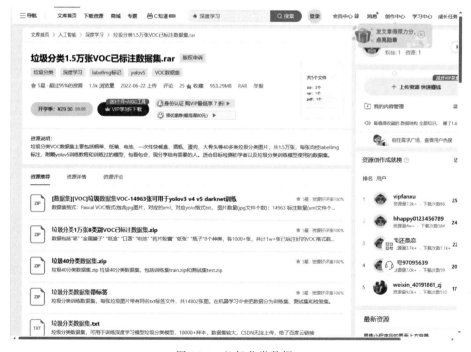

图 16-4　垃圾分类数据

在 VOCData 目录下创建 split_train_val.py 程序并运行,相关代码见"代码文件 16-1"。

16.3.2 模型构建

数据加载进模型之后,需要定义结构并优化函数。

1. 定义结构

本部分包括 anchor、backbone 和 neck 的设定。

(1) anchor 的设定。

YOLOv5 中使用的 coco 数据集输入图像的尺寸为 640×640,但是训练过程的输入尺寸并不唯一,因为 YOLOv5 可以采用 masaic 增强技术将 4 张图像组成一张尺寸一定的输入图像。如果需要使用预训练权重,最好将输入图像尺寸调整到与开发者相同的尺寸,而且输入图像尺寸必须是 32 的倍数,与 anchor 检测的阶段有关,配置如下。

```
anchors:
  - [10,13, 16,30, 33,23]              # P3/8
  - [30,61, 62,45, 59,119]             #P4/16
  - [116,90, 156,198, 373,326]         #P5/32
```

(2) backbone 的设定。

YOLOv5 中的 backbone 网络结构配置方式如下:使用 yaml 文件进行配置,通过 ./models/yolo.py 解析这些配置,并加上输入数据构成完整的网络模块。与 v3 和 v4 所使用的 config 设置的网络不同,yaml 文件中的网络组件不需要叠加,只需要在配置文件中设置 number 即可。

```
backbone:
  #[from, number, module, args]
  [[-1, 1, Focus, [64, 3]],            #0-P1/2
   [-1, 1, Conv, [128, 3, 2]],         #1-P2/4
   [-1, 3, C3, [128]],
   [-1, 1, Conv, [256, 3, 2]],         #3-P3/8
   [-1, 9, C3, [256]],
   [-1, 1, Conv, [512, 3, 2]],         #5-P4/16
   [-1, 9, C3, [512]],
   [-1, 1, Conv, [1024, 3, 2]],        #7-P5/32
   [-1, 1, SPP, [1024, [5, 9, 13]]],
   [-1, 3, C3, [1024, False]],         #9
  ]
```

from:-n 表示从前 n 层获得的输入,例如-1 表示从前一层获得的输入。

number:表示网络模块的数目,例如[-1,3,C3,[128]]表示含有 3 个 C3 模块。

module:表示网络模块的名称,具体细节可以在 ./models/common.py 中查看,如 Conv、C3、SPPF 都是已经在 common 中定义好的模块。

args:表示向不同模块内传递的参数,例如[ch_out, kernel, stride, padding, groups],ch_in 可以省去,因为输入都是上层的输出(初始 ch_in 为 3)。为防止修改过于复杂,输入的数据是从./models/yolo.py 的 def parse_model(md，ch)函数中解析和处理的。

（3）neck 的设定。

```
head:
  [[-1, 1, Conv, [512, 1, 1]],
   [-1, 1, nn.Upsample, [None, 2, 'nearest']],
   [[-1, 6], 1, Concat, [1]],                    # cat backbone P4
   [-1, 3, C3, [512, False]],                    # 13

   [-1, 1, Conv, [256, 1, 1]],
   [-1, 1, nn.Upsample, [None, 2, 'nearest']],
   [[-1, 4], 1, Concat, [1]],                    # cat backbone P3
   [-1, 3, C3, [256, False]],                    # 17 (P3/8 - small)

   [-1, 1, Conv, [256, 3, 2]],
   [[-1, 14], 1, Concat, [1]],                   # cat head P4
   [-1, 3, C3, [512, False]],                    # 20 (P4/16 - medium)

   [-1, 1, Conv, [512, 3, 2]],
   [[-1, 10], 1, Concat, [1]],                   # cat head P5
   [-1, 3, C3, [1024, False]],                   # 23 (P5/32 - large)

   [[17, 20, 23], 1, Detect, [nc, anchors]],     # Detect(P3, P4, P5)
  ]
```

2. 优化函数

loss.py 文件给出 YOLOv5 模型中使用到的全部损失函数的定义，并提供基于 ground truth 和模型预测输出之间计算损失函数的接口。

正负样本加权的 BCE loss 定义见"代码文件 16-2"。

16.3.3 模型训练

在定义模型架构和编译模型之后，要使用训练集训练模型，使得模型可以识别生活垃圾的图像。这里使用训练集和验证集拟合模型，训练参数见"代码文件 16-3"。

16.3.4 模型保存

为方便再次调用，模型保存为 best.pt 文件，保存后可以被重用，也可以移植到其他环境中使用。该应用实现方式为网页端调用计算机中的文件获取图像。

完整代码见"代码文件 16-4"。

16.4 系统测试

本部分包括训练准确率及测试效果。

16.4.1 训练准确率

训练准确率达到了 65% 左右，召回率为 50% 左右，结果如图 16-5 所示。其中横轴为训练轮次，即 epoch，纵轴为准确检测的图像占总体的比例。

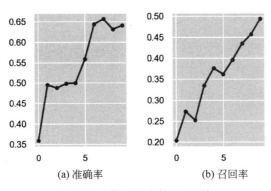

(a) 准确率　　　　(b) 召回率

图 16-5　模型准确率和召回率

16.4.2　测试效果

打开网页,初始界面如图 16-6 所示。

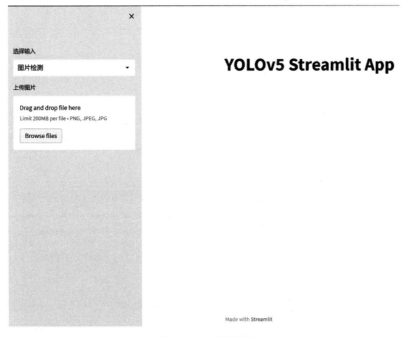

图 16-6　初始界面

单击 Browse files 按钮,从计算机中选取文件,如图 16-7 所示。

单击开始检测按钮,如图 16-8 所示。

如图 16-9 所示,图 16-9(a)显示的是对药品的测试,模型给出的结果是有 58％的可能性为药品;图 16-9(b)显示的是对塑料器具的测试,图中共有三个塑料物品,检测的结果是 50％;图 16-9(c)显示的是对干电池的检测,模型给出的结果是 54％的可能性为干电池。

图 16-7　从计算机中选取文件

图 16-8　检测结果

(a)

(b)

图 16-9　测试结果

(c)

图 16-9 （续）

　　将数据代入模型进行测试，对分类的标签与原始数据进行显示并对比，如图 16-10 所示，模型基本可以实现对生活垃圾图像的识别。

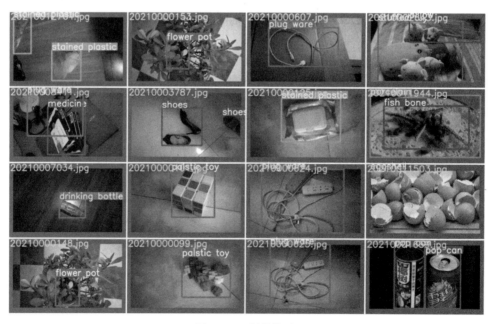

图 16-10　训练效果

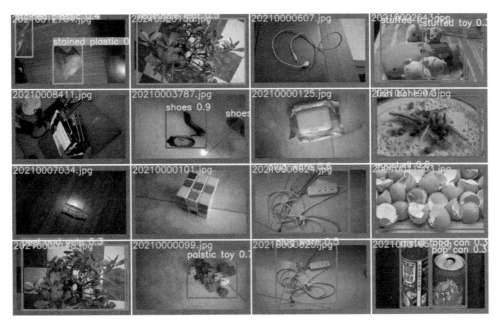

图 16-10　（续）

项目 17 动态交通手势识别的车辆控制

本项目在 YOLOv5S 现有的静态手势识别基础上,实现动态交通手势识别车辆控制。

17.1　总体设计

本部分包括整体框架和系统流程。

17.1.1　整体框架

整体框架如图 17-1 所示。

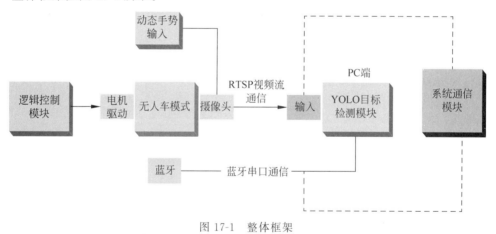

图 17-1　整体框架

17.1.2　系统流程

系统流程如图 17-2 所示。

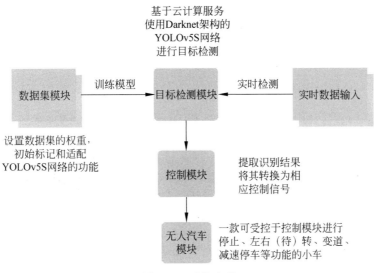

图 17-2   系统流程

17.2   运行环境

本部分包括 Python 环境、TensorFlow 环境和 Arduino 环境。

17.2.1   Python 环境

在 Windows 环境下下载 Anaconda,完成 Python 3.8 及以上版本的环境配置,如图 1-3 所示,也可以下载虚拟机在 Linux 环境下运行代码。

17.2.2   TensorFlow 环境

(1) Android 只支持 TensorFlow 1.13.1 以下版本。

(2) 打开 Anaconda Prompt,输入清华仓库镜像。

```
conda config —— add channels
https://mirrors.tuna.tsinghua.edu.cn/anaconda/pkgs/free/
conda config — set show_channel_urls yes
```

(3) 创建一个 Python 3.5 的开发环境,名称为 TensorFlow。若 Python 的版本和 TensorFlow 的版本出现匹配问题,建议选择 Python 3.x。

```
conda create — n tensorflow python = 3.5
```

(4) 有需要确认的地方都输入 y。

在 Anaconda Prompt 中激活 TensorFlow 环境:

```
activate tensorflow
```

（5）安装 CPU 版本的 TensorFlow：

```
pip install – upgrade -- ignore – installed tensorflow    ♯CPU
```

（6）安装完毕。

17.2.3　Arduino 环境

在 GitHub 中直接使用开源项目进行下载，下载安装后的启动界面与运行界面如图 17-3
和图 17-4 所示。

图 17-3　Arduino 开源界面

Arduino 程序安装之后开始编程，需要对开发板的接口属性、端口编号、编程器属性进
行定义，如图 17-5 所示。

图 17-4 初始化代码区

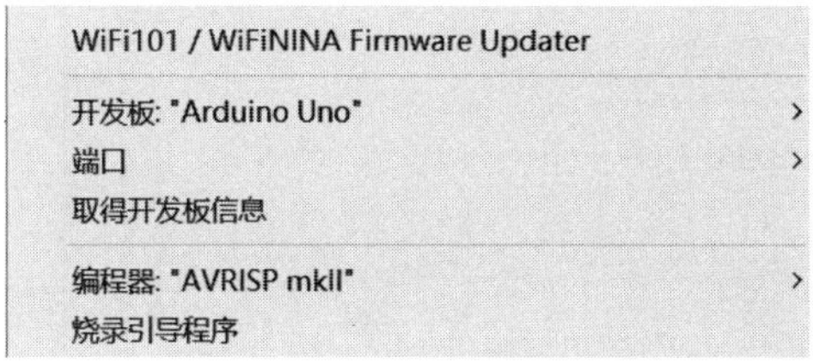

WiFi101 / WiFiNINA Firmware Updater

开发板: "Arduino Uno"　　　　　　　　　　　　　　　　>
端口　　　　　　　　　　　　　　　　　　　　　　　　>
取得开发板信息

编程器: "AVRISP mkII"　　　　　　　　　　　　　　　>
烧录引导程序

图 17-5 配置属性

17.3 模块实现

本部分包括数据准备、导入模型并编译、模型训练及评估、训练结果、通信模块和蓝牙模块,下面分别给出各模块的功能及相关代码。

17.3.1 数据准备

本项目使用自创交警手势数据集及官方开源交警手势数据集,如图 17-6 所示,数据集图像如图 17-7 所示。

创立数据集之后,使用 LabelImg 对图像进行标注,应用于 YOLOv5S 的输入端,达到与其 Mosaic 数据增强、自适应锚框计算、图像缩放算法高度耦合的目的。

图像缩放代码:保持图像的宽高比,剩下部分使用灰色填充。相关代码见"代码文件 17-1"。

图 17-6　手势数据集

图 17-7　数据集图像

17.3.2　导入模型并编译

数据导入模型之后,需要定义结构,并优化激活函数、损失函数和性能指标。

1. Focus 模块

Focus 模块是为减少 FLOPS 和提高速度而设计的。在 YOLOv5S 中,减少 Conv2d 计算的成本,并使用张量重塑减少空间(分辨率)和增加深度(通道数量)。输入转换:由 [h, w, c]转换为[h/2, w/2, c*4](长和宽变为原来的一半,通道数变为原来的4倍,将宽度 w 和高度 h 的信息整合到 c 空间中)。

以 YOLOv5S 的结构为例,原始 $640 \times 640 \times 3$ 的图像输入 Focus 结构,采用切片操作,先变成 $320 \times 320 \times 12$ 的特征图,再经过一次 32 个卷积核的操作,最终变成 $320 \times 320 \times 32$ 的特征图,实现轻量化处理,大大提高运行速度。

```python
class Focus(nn.Module):
    ♯将 wh 信息集中到 c-space 中
def __init__(self, c1, c2, k = 1, s = 1, p = None, g = 1, act = True): ♯ch_in, ch_out, kernel,
stride, padding, groups
        super().__init__()
        self.conv = Conv(c1 * 4, c2, k, s, p, g, act)
    def forward(self, x): ♯x(b,c,w,h) -> y(b,4c,w/2,h/2)
        return self.conv(torch.cat((x[..., ::2, ::2], x[..., 1::2, ::2], x[..., ::2, 1::2],
x[..., 1::2, 1::2]), 1))
```

2. CSPNet 模块

CSP(Cross Stage Partial Network)跨阶段局部网络用于增强 CNN 的学习能力、减少推理计算的问题、降低内存成本,相关代码如下。

```python
class BottleneckCSP(nn.Module):
    ♯CSP 模块代码 https://github.com/WongKinYiu/CrossStagePartialNetworks
    def __init__(self, c1, c2, n = 1, shortcut = True, g = 1, e = 0.5): ♯ch_in, ch_out, number,
shortcut, groups, expansion
        super().__init__()
        c_ = int(c2 * e)                    ♯隐藏通道
        self.cv1 = Conv(c1, c_, 1, 1)
        self.cv2 = nn.Conv2d(c1, c_, 1, 1, bias = False)
        self.cv3 = nn.Conv2d(c_, c_, 1, 1, bias = False)
        self.cv4 = Conv(2 * c_, c2, 1, 1)
        self.bn = nn.BatchNorm2d(2 * c_)
        self.act = nn.SiLU()
        ♯ * 操作符可以将一个 list 拆成多个独立的元素
        self.m = nn.Sequential( * (Bottleneck(c_, c_, shortcut, g, e = 1.0) for _ in range(n)))
    def forward(self, x):
        y1 = self.cv3(self.m(self.cv1(x)))
        y2 = self.cv2(x)
        return self.cv4(self.act(self.bn(torch.cat((y1, y2), 1))))
```

3. SPP 模块

在 CSP 之上添加 SPP(Spatial Pyramid Pooling)模块,通过不同池化核大小的最大池化进行特征提取,显著增加感受野(receptive field),提取出最重要的上下文特征(context features),并且不会降低网络运行速度。虽然使用不同大小的池化核,但池化前后每条分支的高宽一致,因为 stride=1,padding=kernel/2,如图 17-8 所示。

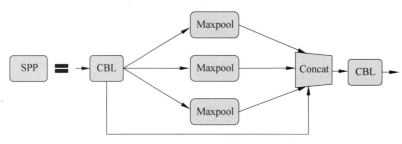

图 17-8 SPP 模块

相关代码如下。

```
class SPP(nn.Module):
    #空间金字塔池化(SPP) layer https://arxiv.org/abs/1406.4729
    def __init__(self, c1, c2, k=(5, 9, 13)):
        super().__init__()
        c_ = c1 //.2                        #隐藏通道
        self.cv1 = Conv(c1, c_, 1, 1)
        self.cv2 = Conv(c_ * (len(k) + 1), c2, 1, 1)
        self.m = nn.ModuleList([nn.MaxPool2d(kernel_size=x, stride=1, padding=x //2) for
x in k])
    def forward(self, x):
        x = self.cv1(x)
        with warnings.catch_warnings():
            warnings.simplefilter('ignore')
            return self.cv2(torch.cat([x] + [m(x) for m in self.m], 1))
```

4. 激活函数代码

在 utils 中 activations 的相关代码如下。

```
class SiLU(nn.Module):
    @staticmethod
    def forward(x):
        return x * torch.Sigmoid(x)
```

Mish 函数：

```
class Mish(nn.Module):
    @staticmethod
    def forward(x):
        return x * F.softplus(x).tanh()
```

内存节约代码如下：

```
class MemoryEfficientSwish(nn.Module):
    class F(torch.autograd.Function):
        @staticmethod
        def forward(ctx, x):
#save_for_backward 函数将对象保存,用于后续的 backward 函数
            ctx.save_for_backward(x) #保留 input 的全部信息，并提供避免 in-place 操作导致的
#input 在 backward 中被修改的情况
            return x * torch.sigmoid(x)
        @staticmethod
        def backward(ctx, grad_output):
```

```
        x = ctx.saved_tensors[0] #ctx.saved_tensors 会返回 forward 函数内存储的对象
        sx = torch.sigmoid(x)
        return grad_output * (sx * (1 + x * (1 - sx)))
```

17.3.3　模型训练及评估

本部分包括训练和测试数据路径定义、YOLOv5S 模型配置文件、使用 YOLOv5S.pt 预训练文件。

1. 训练和测试数据路径定义

```
train: E:\pycharm\YOLOv3\YOLOv5\test_2\images          #改为训练文件的路径
val: E:\pycharm\YOLOv3\YOLOv5\test_2\images            #改为测试文件的路径
#test: E:\pycharm\YOLOV5\circle\labels
#number of classes
nc: 8
#class names
names: [ 'change_lane', 'turn_left', 'turn_right', 'go_straight', 'slow_down', 'left_to_turn',
'stop', 'change_lane_left' ]
```

2. YOLOV5S 模型配置文件

```
#参数
nc: 8 #类别数
depth_multiple: 0.33                                   #模型深度
width_multiple: 0.50
anchors:
  - [10,13, 16,30, 33,23]                              #P3/8
  - [30,61, 62,45, 59,119]                             #P4/16
  - [116,90, 156,198, 373,326]                         #P5/32
# YOLOV5S backbone
backbone:
  #[from, number, module, args]
  [[ -1, 1, Focus, [64, 3]],                           #0 - P1/2
   [ -1, 1, Conv, [128, 3, 2]],                        #1 - P2/4
   [ -1, 3, C3, [128]],
   [ -1, 1, Conv, [256, 3, 2]],                        #3 - P3/8
   [ -1, 9, C3, [256]],
   [ -1, 1, Conv, [512, 3, 2]],                        #5 - P4/16
   [ -1, 9, C3, [512]],
   [ -1, 1, Conv, [1024, 3, 2]],                       #7 - P5/32
   [ -1, 1, SPP, [1024, [5, 9, 13]]],
   [ -1, 3, C3, [1024, False]],                        #9
  ]
```

3. 使用 YOLOV5S.pt 预训练文件

```
if __name__ == '__main__':
    parser = argparse.ArgumentParser()
    parser.add_argument('-- weights', type = str, default = 'YOLOv5s.pt', help = 'initial
weights path')
    parser.add_argument('-- cfg', type = str, default = 'models/YOLOv5s.yaml', help = 'model.
yaml path')
    parser.add_argument('-- data', type = str, default = 'data/test_3.yaml', help = 'data.yaml
path')
```

```
    parser.add_argument('--hyp', type = str, default = 'data/hyp.scratch.yaml', help =
'hyperparameters path')
    parser.add_argument('--epochs', type = int, default = 30)
    parser.add_argument('--batch-size', type = int, default = 16, help = 'total batch size for
all GPUs')
    parser.add_argument('--img-size', nargs = '+', type = int, default = [640, 640], help = '
[train, test] image sizes')
    parser.add_argument('--rect', action = 'store_true', help = 'rectangular training')
    parser.add_argument('--resume', nargs = '?', const = True, default = False, help = 'resume
most recent training')
    parser.add_argument('--nosave', action = 'store_true', help = 'only save final checkpoint')
    parser.add_argument('--notest', action = 'store_true', help = 'only test final epoch')
    parser.add_argument('--noautoanchor', action = 'store_true', help = 'disable autoanchor
check')
    parser.add_argument('--evolve', action = 'store_true', help = 'evolve hyperparameters')
    parser.add_argument('--bucket', type = str, default = '', help = 'gsutil bucket')
    parser.add_argument('--cache-images', action = 'store_true', help = 'cache images for
faster training')
    parser.add_argument('--image-weights', action = 'store_true', help = 'use weighted image
selection for training')
```

17.3.4　训练结果

通过 TensorBoard 工具对训练过程进行可视化,混淆矩阵如图 17-9 所示,精确度-召回率曲线如图 17-10 所示。

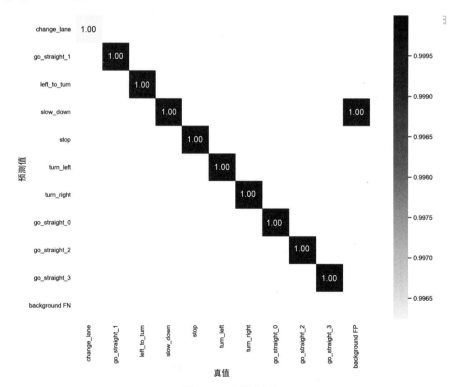

图 17-9　混淆矩阵

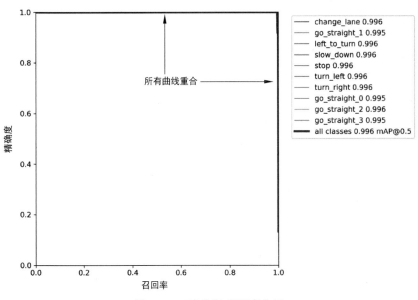

图 17-10 精确度-召回率曲线

综合以上结果可以看出,每个交警手势均可以精准识别,平均精确度能够达到 90%,在不同的背景、不同动作发出者及不同滤镜下均能达到很高的准确率。模型训练的性能指标如图 17-11 所示,反映了相应指标随训练轮次的变化,当训练轮次接近 300 时,三种 loss 函数均低于 0.01,准确率和恢复率均接近 1.0,而准确率和恢复率也都在 0.8 以上,证明自训练模型灵敏度和鲁棒性均符合要求。除此之外,采用 YOLOv5S 网络框架模型,检测速度达到每秒 64 帧,统计延迟小于 0.5s,符合实时检测的要求。

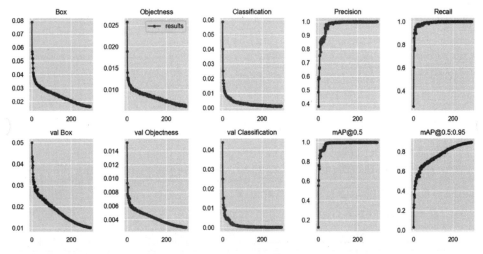

图 17-11 性能指标随训练轮次的变化

17.3.5 通信模块

为保证低误码率,需选择高分辨率的摄像头。在 PC 端与小车通信的基础上,尽可能降低摄像头→PC→小车这一单向传输的延迟,提高该系统的实用性。

基于动态交通手势识别车辆控制系统的通信架构核心目标是完成摄像头、计算机和小车之间的信息交互,使得车载摄像头拍摄的图像能够实时传回计算机进行 YOLO 处理,并将对应的指令传递给小车,最终达成手势控制小车的目的。为了增大小车的活动范围,提高系统的实用性,本系统全程采用无线通信的方式,在摄像头与计算机间采用 RTSP 推流/HTTP 协议进行实时传输,在计算机与小车间采用蓝牙串口通信,成功达成 Python 和 C 语言数据传输的目标。本通信架构在设计时采用模块化的方法,分为摄像头→PC 模块和 PC→小车模块,如图 17-12 所示。

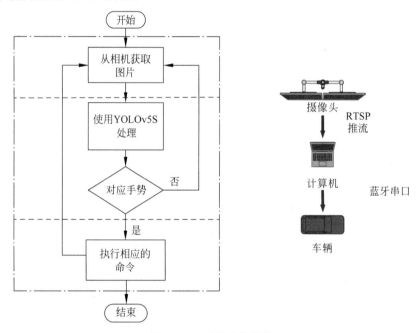

图 17-12　系统通信模块

(1) 摄像头端到 PC 端数据传输。YOLOv5S 的程序中自带调用外部 RTSP 流的功能,通过使用具有推流功能的摄像头可以实现对 YOLOv5S 的视频传输。YOLOv5S 与摄像头之间的延时,同推流的码率呈负相关,当推流速度到达 13Mbps 时,两者之间的延时可降低至 0.3s 以下,进而使此系统的泛用性和实用性得到提高。

(2) PC 端到小车端数据传输。通过蓝牙串口实现计算机对小车的单向数据传输,如图 17-13 所示。计算机端的 YOLO 会不断对视频流中每帧图像进行处理和识别,判断有无对应手势的出现,如果有,则通过 bluetooth 模块与小车的蓝牙模块建立串口,传输对应的指令字符,传输完毕后开始下一帧图像的识别。

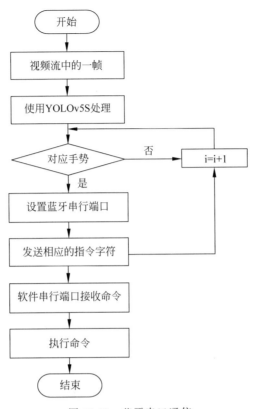

图 17-13 蓝牙串口通信

　　为了尽可能减少系统的延迟,本系统将 YOLO 识别出的手势对应为字符变量 0~9,每次只传输一个字符,通过减少数据量的方式降低计算机与小车之间的延迟。同时,计算机端将数据送出后立刻进行下一帧图像的识别,此操作会和小车端接收数据并行进行,通过并行操作对系统延迟进行进一步的压缩,最终计算机→小车模块的延迟低至 0.1s 以内,可认为无延迟传输。

　　为提高系统的稳定性,计算机→小车模块还具有自动重连的功能,当因小车脱离范围、蓝牙不稳定或端口变化等情况导致计算机与小车的蓝牙连接建立失败时,系统会自动进行重连尝试,重连成功后系统会自动与当前视频进行同步,并继续运行。相关代码如下。

```
import bluetooth
def search():
    name = '林亚捷的 iPhone'                #需连接的设备名字
    nearby_devices = bluetooth.discover_devices(lookup_names = True)
    print(nearby_devices)                #附近所有可连接的蓝牙设备
    addr = None
    for device in nearby_devices:
        if name == device[1]:
            addr = device[0]
            print("device found!",name," address is: ",addr)
```

```
            break
        if addr == None:
            print("device not exist")
        services = bluetooth.find_service(address = addr)
        print(services)
        for svc in services:
            print("Service Name: % s" % svc["name"])
            print("Host: % s"  % svc["host"])
            print("Description: % s" % svc["description"])
            print("Provided By: % s" % svc["provider"])
            print("Protocol: % s" % svc["protocol"])
            print("channel/PSM: % s" % svc["port"])
            print("svc classes: % s" % svc["service-classes"])
            print("profiles: % s" % svc["profiles"])
            print("service id: % s" % svc["service-id"])        ♯输出蓝牙设备的各种属性
        sock = bluetooth.BluetoothSocket(bluetooth.RFCOMM)
        '''sock.connect((addr, 2))
        print("连接成功,端口: ")'''
        i = 0
        while i < 255:
            try:
                sock.connect((addr, i))
                print("连接成功,端口: ",i)
                break
            except Exception as e:
                print("端口: ",i,"连接失败",e)
                i = i + 1                                 ♯遍历端口号进行连接
    search()
```

（3）无人车模块。小车电机主体由 L293D 驱动芯片和直流电机组成,摄像头模块安装在小车顶部,通过 RTSP 实现摄像头对计算机的单向数据传输,以实现交警手势数据采集;经过 YOLO 网络进行目标检测后,使用蓝牙将检测结果传递给无人车,在逻辑模块的控制下,小车进行定向动作处理。相关代码见"代码文件 17-2"。

（4）电机驱动模块。主体由 L293D 驱动芯片和直流电机组成,按照动力学分析,小车要求大的启动扭矩,而直流微电机刚好具有降速、高扭矩特性,使其能够处理启动扭矩大的应用,与此同时,直流电机很容易吸收负载的突变,电机转速可以随时调整以适应负载,完美匹配动力需求,如图 17-14 所示。

（5）电源模块。综合考虑小车的活动性、运行外部环境、运行时间、空间特性及硬件成本,决定通过 VIN 引脚对开发板进行供电。经过对硬件进行极限测试,开发板稳定运行电压为 7～12V。最终决定采用两节工作电压为 4V 的锂电池串联组成电源模块,这样既能解决工作电压不稳定的问题,又能尽量节省空间,方便轮胎的正常运转,如图 17-15 所示。

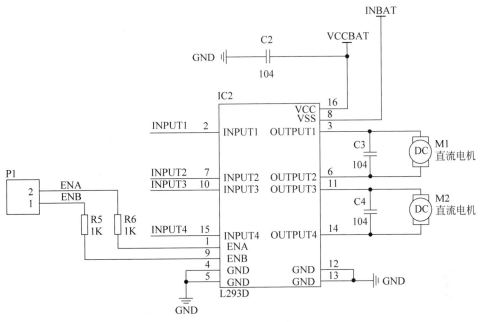

图 17-14　电机驱动模块

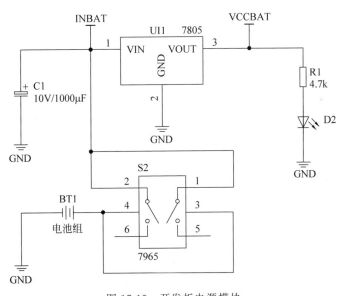

图 17-15　开发板电源模块

17.3.6　蓝牙模块

Arduino UNO 扩展板同时拥有蓝牙、蜂鸣器、红外接收、电机、舵机、超声波等实用引脚,本项目直接采用此转接板既保留了其他功能的开发潜力,又在一定程度上降低了利用普通引脚开发蓝牙串口的难度,引脚如图 17-16 所示,蓝牙模块如图 17-17 所示。

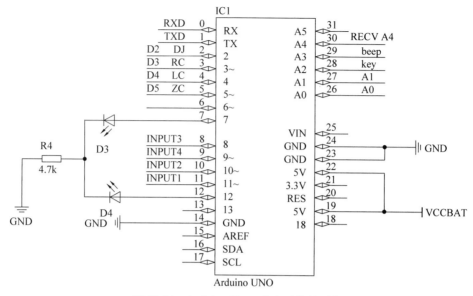

图 17-16　Arduino UNO 兼容开发板引脚

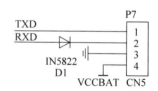

图 17-17　蓝牙模块

17.4　系统测试

对于原无人车进行了更新,实现了在移动过程中采集视频数据流的功能,并且在有限的空间内实现摄像头、锂电池、芯片等硬件设施的合理布局,如图 17-18 所示。

无线摄像头的配置与调用:下载 Upgrade 软件,用于修改摄像头的 IP 地址,并实现调用 RTSP 推流,如图 17-19 所示。

将无线摄像头与 PC 连接至同一热点,此时 WiFi 搜索界面会出现以下命名格式的连接属性,表示摄像头已格式化至预设 IP 地址。按照计算机所连接热点的 IP 地址,通过 Upgrade 软件对地址进行修改,使之成为子网下一个独立的个体,如图 17-20 所示。

图 17-18　无人车外观

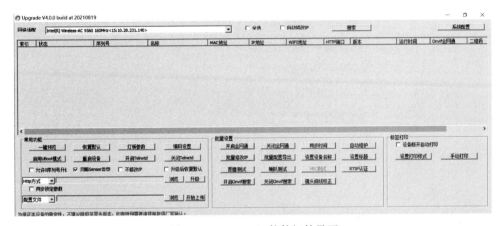

图 17-19　Upgrade 软件初始界面

⌂　Galaxy Note107234

IP 分配：　　　　　　　　自动(DHCP)

编辑

属性

SSID：	Galaxy Note107234
协议：	Wi-Fi 4 (802.11n)
安全类型：	WPA2-个人
网络频带：	2.4 GHz
网络通道：	1
链接速度(接收/传输)：	144/144 (Mbps)
本地链接 IPv6 地址：	fe80::b5d0:53f7:40f0:4f25%15
IPv4 地址：	192.168.222.236
IPv4 DNS 服务器：	192.168.222.230
制造商：	Intel Corporation
描述：	Intel(R) Wireless-AC 9560 160MHz
驱动程序版本：	22.120.0.3
物理地址(MAC)：	3C-F0-11-1B-47-4D

复制

图 17-20　修改 IP 地址

浏览器输入修改后的 IP 地址,用户名默认为 admin,密码为 123456,进入无线摄像头后台,选择编码格式为常用的 H.264,推流格式选择 RTSP,分别如图 17-21 和图 17-22 所示。

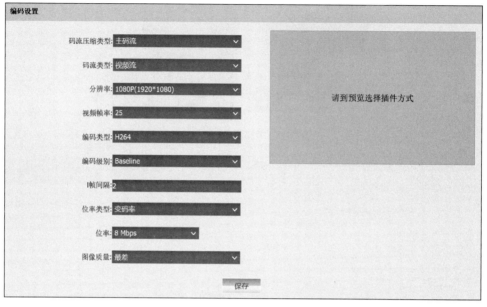

图 17-21　视频编码设置

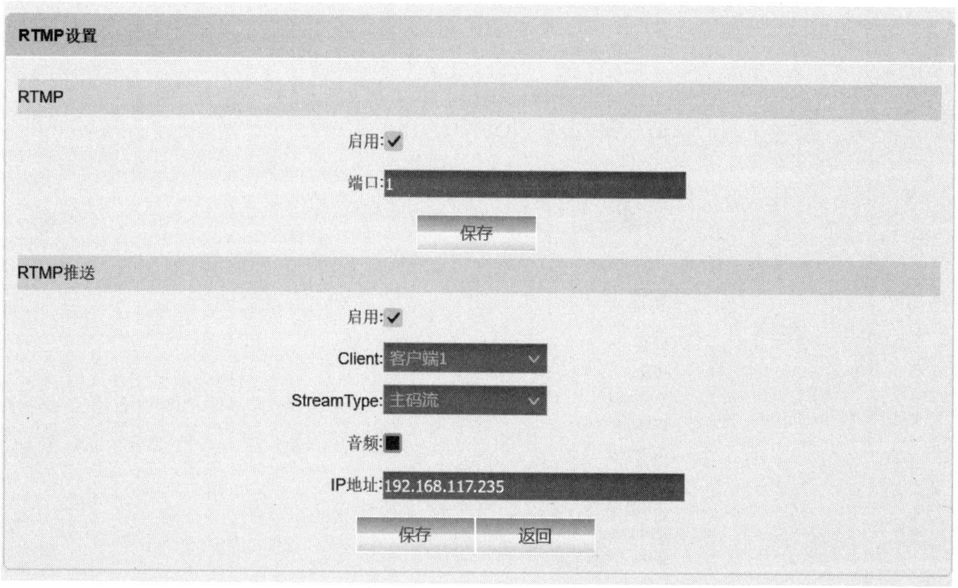

图 17-22　视频推流设置

通过 Upgrade 摄像头可以被本地调用,如图 17-23 所示。

进入调试界面,运行程序后进行调用,修改代码如图 17-24 所示。

图 17-23　视频推流成功

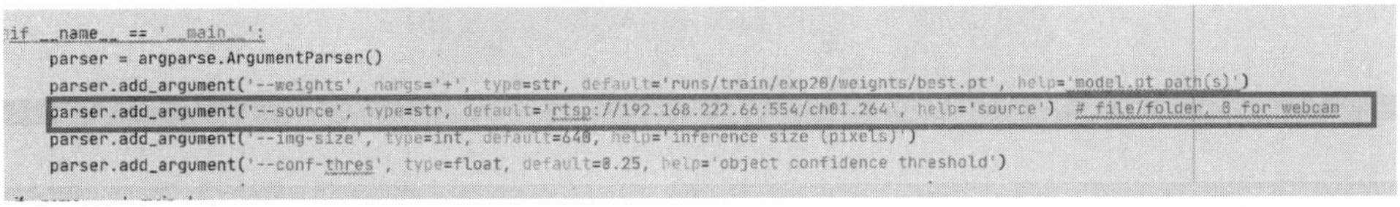

```
if __name__ == '__main__':
    parser = argparse.ArgumentParser()
    parser.add_argument('--weights', nargs='+', type=str, default='runs/train/exp20/weights/best.pt', help='model.pt path(s)')
    parser.add_argument('--source', type=str, default='rtsp://192.168.222.66:554/ch01.264', help='source')  # file/folder, 0 for webcam
    parser.add_argument('--img-size', type=int, default=640, help='inference size (pixels)')
    parser.add_argument('--conf-thres', type=float, default=0.25, help='object confidence threshold')
```

图 17-24　修改代码

其中前面为预设 IP 地址,ch01 为后台预设的第一通道,也可以设定为任意一个数字,最后的 264 代表格式为通用的 H.264 编码标准,部分动作运行测试如图 17-25 所示。

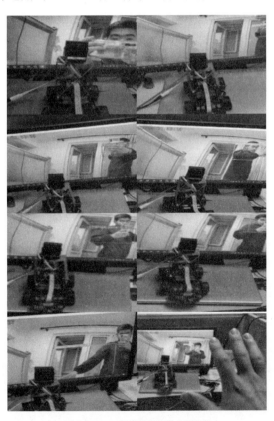

图 17-25　部分动作运行测试

图 17-26 是对无线摄像头展示的交警手势，通过串口监视器显示图中作出动作后传回硬件端的识别字符。

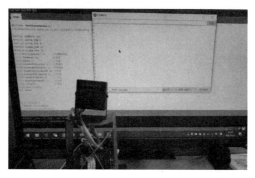

图 17-26　动作—传回硬件端识别字符

项目 18

物 体 识 别

本项目基于 PyTorch 的卷积神经网络模型，将其部署至 Web 端，前后端的交互采取轻便快捷的 Flask 框架，通过 CIFAR-10 数据集，实现网页端的物体识别。

18.1　总体设计

本部分包括整体框架和系统流程。

18.1.1　整体框架

整体框架如图 18-1 所示。

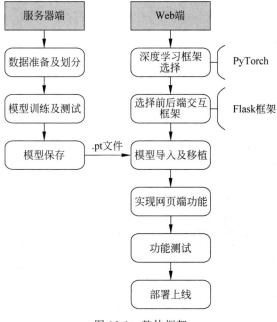

图 18-1　整体框架

18.1.2 系统流程

系统流程如图 18-2 所示。

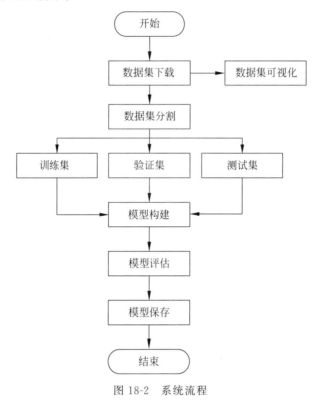

图 18-2 系统流程

18.2 运行环境

本部分包括 Python 环境、PyTorch 环境和网页端环境。

18.2.1 Python 环境

在 Windows 环境下下载 Anaconda,完成 Python 3.7 版本的环境配置,如图 1-3 所示。

18.2.2 PyTorch 环境

(1) 打开 Anaconda Prompt,输入清华仓库镜像。

```
conda config -- add channels
https://mirrors.tuna.tsinghua.edu.cn/anaconda/pkgs/free/
conda config - set show_channel_urls yes
```

(2) 创建 Python 3.7 的环境,名称为 PyTorch。

```
conda create - n pytorch python = 3.7
```

（3）有需要确认的地方都输入 y。

（4）在 Anaconda Prompt 中激活 PyTorch 环境。

```
activate pytorch
```

（5）查找当前可用的 PyTorch 包，根据提示内容下载安装包。

```
conda install pytorch == 1.6.0
```

（6）安装 torchvision。

```
conda install torchvision - c pytorch
```

（7）在 Jupyter 中配置 PyTorch，激活 PyTorch 后安装 Python、Jupyter 和 Python kernel for PyTorch。

（8）安装完毕。

18.2.3　网页端环境

（1）安装 PyCharm。

（2）新建 Flask 项目，打开 PyCharm，选择 File→New Project，如图 18-3 所示。

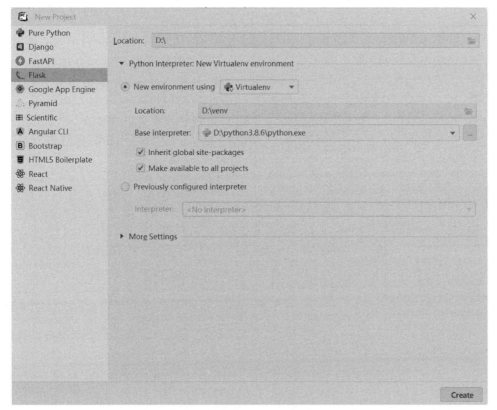

图 18-3　配置 Flask 项目对话框

在左侧选择 Flask 和已安装的 Python 作为编译器,创建虚拟环境。

图 18-4　Flask 项目结构

若勾选 Inherit global site-packages,则可在该虚拟环境下使用 base interpreter 的 packages。若勾选 Make available to all projects,则在该虚拟环境下,下载的所有安装包都会被复制到全局,如图 18-4 所示。

Model 文件夹存放训练好的模型;static(不可改名)用于存放被上传的图像,若有 CSS 文件也存放于此;templates(不可改名)用于存放 HTML 文件;app.py 为主程序。

单击 PyCharm 下方的 Terminal,输入 pip install 第三方库的名称即可安装第三方库。

```
pip install Flask
pip install torch
pip install os
pip install tensorflow
pip install Pillow
```

18.3　模块实现

本部分包括数据准备、模型构建、模型训练、模型保存和模型应用模块,下面分别给出各模块的功能介绍及相关代码。

18.3.1　数据准备

CIFAR-10 数据集是用于训练机器学习和计算机视觉算法的图像集合,数据集包含 10 类目标,每类 6000 张 32×32 的图像,其中 5 万张训练图像、1 万张测试图像。通过 torchvision.dataset 实现加载数据集,相关代码如下。

```
#导入相应数据包
import numpy as np
import torch
import torchvision
from torchvision import transforms
import torchvision.datasets as datasets
from torch.utils.data import DataLoader
import matplotlib.pyplot as plt
import torch.nn as nn
import torch.optim as optim
#数据预处理
transform1 = torchvision.transforms.ToTensor()
transform2 = torchvision.transforms.ToTensor()
data_train = datasets.CIFAR10('./c10data', train = True, transform = transform1, download =
True)
data_test = datasets.CIFAR10('./c10data', train = False, transform = transform2, download =
False)
```

本段代码会自动从数据源下载相应的 6 个数据压缩包,分别表示训练集、测试集的图像数据和对应的标签。读取成功后下载并解压的数据包如图 18-5 所示。

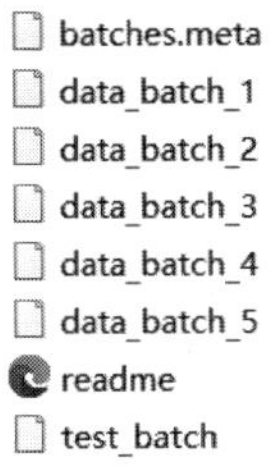

图 18-5　数据包结构

- batches.meta
- data_batch_1
- data_batch_2
- data_batch_3
- data_batch_4
- data_batch_5
- readme
- test_batch

深度学习模型通过数据包提供的 RGB 图像,识别训练数据之外的图像类别。一般为了准备数据,需要对这些图像做一些调整大小、离群点去除等处理,也就是数据预处理。本项目调用的是成熟的数据库,所以格式已经统一,不需要对数据进行预处理,只需要将数据划分批次,进行装载,便于转换成 TensorFlow 框架可以处理的数据。此处定义网络的输入/输出格式如下。

```
#定义 batch,即一次训练的样本量大小
train_batch_size = 128
test_batch_size = 128
#对数据进行装载,利用 batch_size 确认每个包的大小,用 shuffle 确认打乱数据集的顺序
train_loader = DataLoader(data_train, batch_size = train_batch_size, shuffle = True)
test_loader = DataLoader(data_test, batch_size = test_batch_size, shuffle = False)
#定义 10 个分类标签
classes = {'plane', 'car', 'bird', 'cat', 'deer', 'dog', 'frog', 'horse', 'ship', 'truck'}
```

18.3.2　模型构建

为提高模型预测准确度,定义 1 个 CNN 模型类为 4 个卷积层。步骤如下:①每层卷积后都连接 1 个最大池化层进行数据的降维,最后设置 1 个全连接层和 1 个 softmax 层;②每层都使用多个滤波器提取不同类型的特征;③全连接层模型中引入线性分类器映射特征,引入 dropout 进行正则化,用以消除模型的过拟合问题;④进行前向计算更新模型参数。相关代码见"代码文件 18-1"。

18.3.3　模型训练

在定义结构和编译模型之后,要使用训练集去训练模型,使得模型可以识别图像中物品的类别,这里使用训练集来拟合模型。相关代码见"代码文件 18-2"。

其中一个 batch 是在一次前向/后向传播过程用到的训练样例数量,也就是一次用 128 张图像进行训练,共训练 50000 张图像。训练输出结果如图 18-6 所示。

通过观察训练集和测试集的损失函数、准确率评估模型的训练程度,进而进行模型训练的进一步决策。一般来说,训练集和测试集的损失函数(或准确率)不变且基本相等为模型训练的较佳状态,此时达到收敛。

```
epoch:55, Train Loss:0.1422, Train Acc:0.9567,
time is:65.6723s
训练中... 56
epoch:56, Train Loss:0.1336, Train Acc:0.9586,
time is:65.8510s
训练中... 57
epoch:57, Train Loss:0.1377, Train Acc:0.9563,
time is:65.5395s
训练中... 58
epoch:58, Train Loss:0.1199, Train Acc:0.9619,
time is:65.3265s
训练中... 59
epoch:59, Train Loss:0.1258, Train Acc:0.9602,
time is:65.8937s
训练中... 60
epoch:60, Train Loss:0.1141, Train Acc:0.9645,
time is:65.5709s
end training.
```

图 18-6　训练输出结果

18.3.4 模型保存

为了能够被 Web 后端读取,需要将.pt 格式的模型文件转换成.onnx 格式,然后再转换成 Flask 框架下可用的.h5 格式文件。相关代码见"代码文件 18-3"。

模型被保存后,可以被重用,也可以移植到其他环境中使用。

18.3.5 模型应用

首先,在网页端获取目标识别图像;其次,将图像转换为数据,输入 PyTorch 的模型中,并将识别结果返回网页。

1. 获取图像

(1) 自定义上传图像按钮效果,将 input 按钮透明度设置为 0,然后在其上面覆盖 icon 图像。

```
<!-- 设置 input 的 position 为 absolute,使其不按文档流排版,并设置其包裹整个布局 -->
<!-- 设置 opactity 为 0,使 input 变透明 -->
<!-- 只接受 jpg,gif 和 png 格式 -->
< input id = "upload - input" style = "position: absolute; top: 0; bottom: 0; left: 0;right: 0;
opacity: 0;" type = "file" accept = "image/ * " name = "filename" onchange = "showImg(this)"/>
<!-- 自定义按钮效果 -->
<!-- 用自选图标覆盖 input 按钮 -->
< img src = "https://img.icons8.com/ios - glyphs/2x/full - image.png
" style = "width: 240px; height: 240px; vertical - align: middle;" />
< h3 style = "padding:0 80px"> < font face = "宋体">选择图像</font></h3>
```

(2) 网页端:选择图像上传至服务器端,同时显示在网页端。相关代码见"代码文件 18-4"。

2. 模型导入及调用

(1) 将训练好的.h5 文件存储在 Flask 项目中的 Model 文件夹内。

(2) 通过 tensorflow.keras.model 加载模型。

(3) 将处理后的图像数据导入模型进行预测,输出的结果返回至前端。相关代码见"代码文件 18-5"。

布局代码见"代码文件 18-6"。

该布局文件中提供两个 button,分别是选择图像和单击识别,script 用于界面显示上传图像,form 用于将目标图像上传到后端。

3. 模型预测

相关代码见"代码文件 18-7"。

18.4 系统测试

本部分包括训练准确率及测试效果。

18.4.1 训练准确率

训练准确率达到 95% 以上，意味着这个预测模型训练比较成功。如果查看整个训练日志就会发现，epoch 次数增多至 60 次以上时，模型在训练数据、测试数据上的损失和准确率逐渐收敛，最终趋于稳定，如图 18-7 所示。

```
epoch:60,Train Loss:0.1141,Train Acc:0.9645,
time is:65.5709s
end training.
```

图 18-7 训练准确率

18.4.2 测试效果

将数据带入模型进行测试，对分类的标签与原始数据进行显示并对比，如图 18-8 所示，可以得到验证：模型基本可以实现 10 类普通物体图像的识别。

图 18-8 预测结果

运行项目后，在浏览器中打开网页端，初始界面如图 18-9 所示。

界面大致分为左右两块，左侧为上传图像 icon 与选择图像按钮，右侧为单击识别按钮与识别结果输出。

单击选择图像，可接收 jpg、png 与 gif 格式，选定后图像展现在网页端。

图 18-9 网页端初始界面

单击识别图像上传至服务器端,输入.h5模型进行识别,将得到的结果返回前端显示,如图18-10所示。选定图像及预测结果显示在网页端,如图18-11所示。

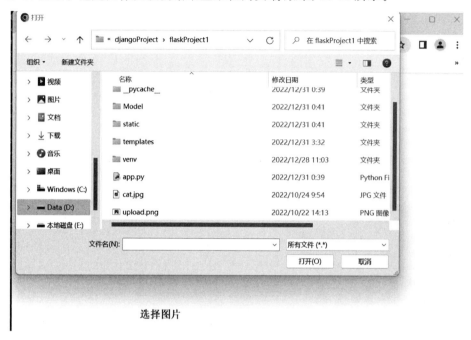

图 18-10　浏览框选择

基于CNN的普适物体识别系统

单击下侧图标选择需要识别的图片

选择图片

点击识别

识别结果为:
airplane

图 18-11　选定图像及预测效果

如需继续识别其他图像,单击选择图像即可更改识别目标,如图 18-12 所示。

图 18-12　测试效果

项目 19

人 体 识 别

本项目以 YOLO X 为基础,通过 Stream YOLO 模型,采用目标检测算法对战争场景进行人体识别。

19.1　总体设计

本部分包括整体框架和系统流程。

19.1.1　整体框架

整体框架如图 19-1 所示。

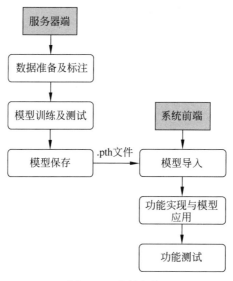

图 19-1　整体框架

19.1.2　系统流程

系统流程如图 19-2 所示。

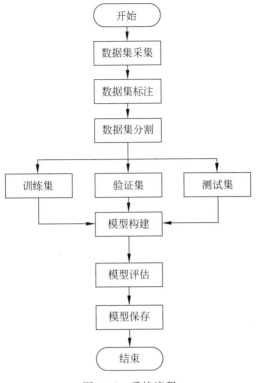

图 19-2　系统流程

19.2　运行环境

本部分包括 Python 环境、StreamYOLO 等其他环境。

19.2.1　Python 环境

使用以下命令创建并命名为 streamyolo 的 Python 3.7 的虚拟环境。

```
conda create -- name streamyolo python = 3.7
conda activate streamyolo
```

19.2.2　StreamYOLO 环境

（1）安装 Anaconda。

StreamYOLO 依赖 Python 3.7，可使用 Anaconda 完成环境配置。

（2）安装完成后可以通过以下命令为 conda 换源（以清华源为例）。

```
conda config -- add channels https://mirrors.tuna.tsinghua.edu.cn/anaconda/pkgs/free/
conda config -- add channels https://mirrors.tuna.tsinghua.edu.cn/anaconda/pkgs/main/
```

```
conda config -- add channels https://mirrors.tuna.tsinghua.edu.cn/anaconda/cloud/msys2/
conda config -- add channels https://mirrors.tuna.tsinghua.edu.cn/anaconda/cloud/conda-
forge/
conda config -- set show_channel_urls yes
```

19.2.3　CUDA 环境

（1）在显卡驱动已安装的情况下输入如下命令，可查看 GPU 支持的 CUDA 版本：

```
nvidia-smi
```

（2）由 CUDA Version：12.0 可知，当前驱动支持的最高版本为 12.0，此时前往 NVIDIA 官方网站先后安装不高于该版本的 CUDA 与 cuDNN 即可。

（3）安装依赖库。

```
Pip install torch==1.7.1+cu110 torchvision==0.8.2+cu110 torchaudio==0.7.2 -f
https://download.pytorch.org/whl/torch_stable.html
pip3 install yolox==0.3
```

（4）获取代码。

```
git clone git@github.com:yancie-yjr/StreamYOLO.git
```

（5）将得到的 Stream YOLO 目录加入环境变量即可。

19.2.4　Qt 相关安装

（1）进入 Qt 官方网站，单击 Download 下载安装包，按步骤安装即可。安装过程中无须全选组件，如果没有 Qt 账号则需要提前注册，如图 19-3 所示。

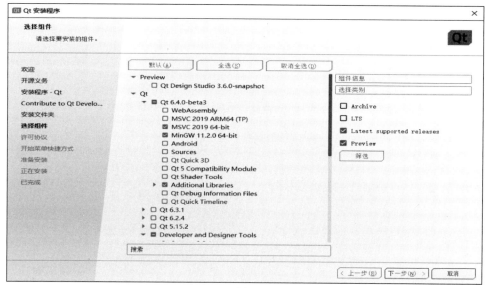

(a)

图 19-3　Qt 安装组件选择

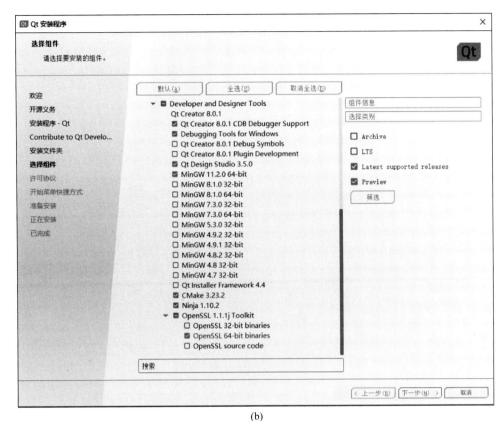

(b)

图 19-3　（续）

（2）在创建的虚拟环境 streamyolo 中安装 PyQt5。首先，进入虚拟环境 conda activate streamyolo；其次，执行 pip install pyqt5 和 pip install pyqt5-tools。

（3）向 PyCharm 添加 Qt 外部工具。打开 PyCharm，选择界面→文件→设置→工具→外部工具，如图 19-4 所示。

单击＋号，添加工具，如图 19-5 所示。

（4）工具 1：创建 Qt 界面工具，用于打开 Qt Designer，创建新的界面，如图 19-5 所示。

Name：QtDesigner（名称可以自定义，方便分辨即可）。

Group：Qt（默认是 External Tools，可自定义组名）。

Program：D:\\Qt\\Qt5.11.1\\5.11.1\\msvc2015_64\\bin\\designer.exe（需要定义 designer.exe 地址）。

Arguments：（此处为空）。

Working directory：\ $ProjectFileDir\ $（项目地址）。

（5）工具 2：修改 Qt 界面工具，用于打开 Qt Designer，修改现有界面，如图 19-6 所示。

Name：Qt Designer Edit（名称可以自定义，方便分辨即可）。

Group：Qt（默认是 External Tools，可自定义）

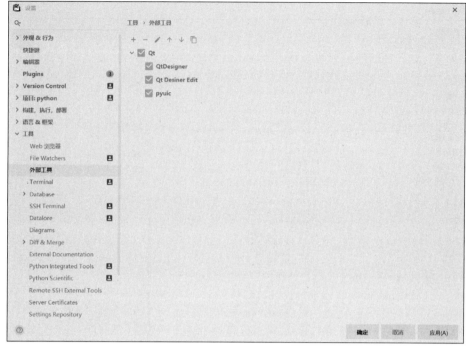

图 19-4　外部工具

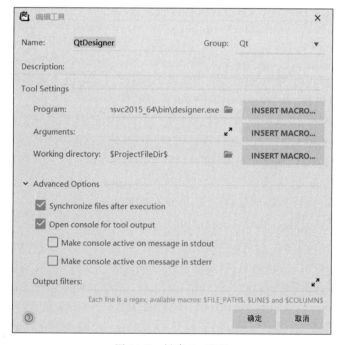

图 19-5　创建 Qt 界面

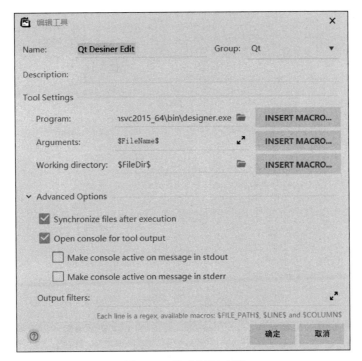

图 19-6　修改界面工具

Program：D:\\Qt\\Qt5.11.1\\5.11.1\\msvc2015_64\\bin\\designer.exe(需要定义 designer.exe 地址)。

Arguments：\ $FileName\ $(文件名)。

Working directory：\ $FileDir\ $(文件目录)。

(6) 工具 3：编译工具，生成 Python 代码，如图 19-7 所示。

Name：pyuic(名称可以自定义，方便分辨即可)。

Group：Qt(默认是 External Tools，可自定义)。

Program：D:\\Anaconda3\\python.exe(需要定义 designer.exe 地址)。

Arguments：-m PyQt5.uic.pyuic \ $FileName\ $-o \ $FileNameWithoutExtension\ $.py

Working directory：\ $FileDir\ $(文件目录)。

按以上步骤创建 Qt 工具后，在 PyCharm 中可以用 Qt Designer 进行界面设计，如图 19-8 所示。

(7) 保存后会在目录得到界面文件，对其使用添加的生成工具可以生成 py 文件，如图 19-9 所示。

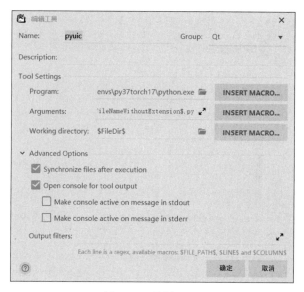

图 19-7　编译工具

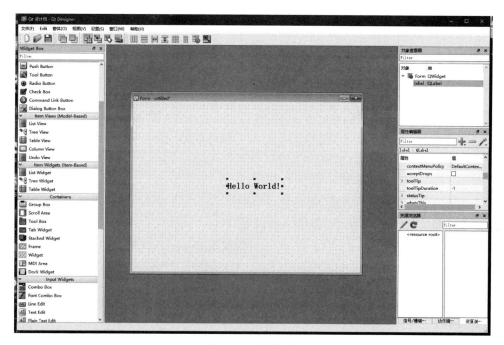

图 19-8　界面设计

图 19-9　生成 .py 文件

19.3 模块实现

本部分包括数据准备、模型训练和模型应用,下面分别给出各模块的功能介绍及相关代码。

19.3.1 数据准备

本项目自行构建数据采集、数据标注与数据整理。

1. 数据采集

通过 NVIDIA GeForce Experience 工具的功能,进入游戏开启录屏即可,如图 19-10 所示。

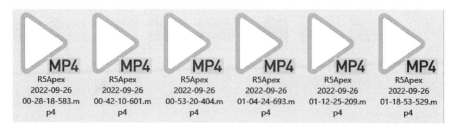

图 19-10 录屏文件

录屏工具会生成 1920x1200@60Hz 的 mp4 视频文件,将这些录屏文件导入 Adobe Premiere 中进行处理。首先,选取其中场景较为连续、画面中人物比较清晰的片段;然后,将这些片段导出为 png 图像序列,构建包含数千张图像的数据,如图 19-11 所示。

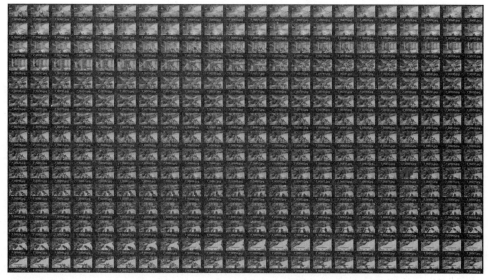

(a)

图 19-11 图像序列图

(b)

图 19-11 （续）

2. 数据标注

通过 labelImg 工具进行数据标注，选择画面中的人物框并加上 enemy 或 ally 的标签，区分是敌人还是队友，分别如图 19-12 和图 19-13 所示。

图 19-12 原图像

标注结果保存在.txt 文件中，保存格式如下：

目标标签：检测框中心点横坐标（x）、纵坐标（y）、宽度（w）、高度（h）。其中，x、y、w、h 均为相对坐标，乘以图像宽高像素值后得到绝对坐标。

检测框保存至文本文件中的内容如下：

```
0 0.494792 0.418519 0.047454 0.120370
1 0.529514 0.609722 0.054398 0.215741
```

图 19-13　标注后的图像

以第一条为例,其含义如下:

0:目标标签为 0,指示 enemy。

0.494792:检测框中心点横坐标为 $0.494792 \times 1920 = 950$。

0.418519:检测框中心点纵坐标为 $0.418519 \times 1200 = 502$。

0.047454:检测框宽度为 $0.047454 \times 1920 = 91$。

0.120370:检测框高度为 $0.120370 \times 1200 = 144$。

在进行大量的标注工作中,综合各片段标注的帧序列共 5433 张,如图 19-14 所示。

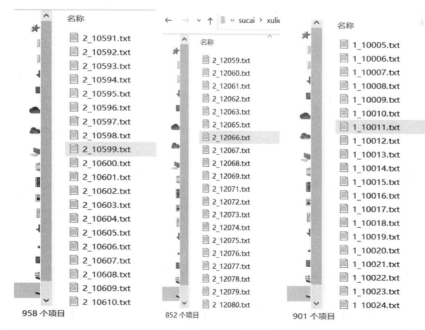

图 19-14　序列表

3. 数据整理

labelImg 中可选的标注格式并不适用于 StreamYOLO,生成的标注无法直接使用,需通过工具进行转换。本项目使用 Yolo-to-COCO-format-converter,流程可参考 Readme 文档。

经过配置后,通过 Yolo-to-COCO-format-converter 将 labelImg 生成的标注转换为可以使用的标注格式。

19.3.2 模型训练

目录结构如下:

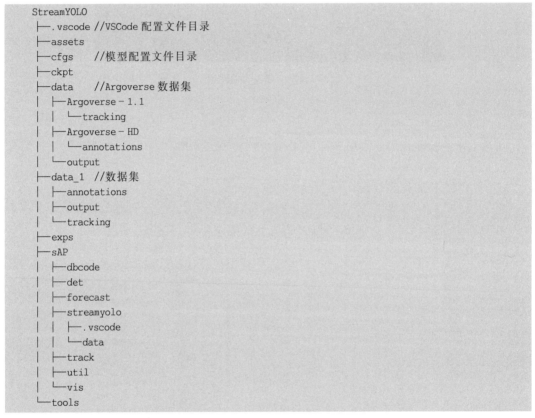

```
StreamYOLO
├─.vscode //VSCode 配置文件目录
├─assets
├─cfgs      //模型配置文件目录
├─ckpt
├─data      //Argoverse 数据集
│  ├─Argoverse-1.1
│  │  └─tracking
│  ├─Argoverse-HD
│  │  └─annotations
│  └─output
├─data_1  //数据集
│  ├─annotations
│  ├─output
│  └─tracking
├─exps
├─sAP
│  ├─dbcode
│  ├─det
│  ├─forecast
│  ├─streamyolo
│  │  ├─.vscode
│  │  └─data
│  ├─track
│  ├─util
│  └─vis
└─tools
```

(1) 选定模型规模,准备初始模型。首先,前往 StreamYOLO 项目 Release 中下载初始模型(COCO pretrained weights);然后,下载对应的初始模型 yolox-s.pth。将该权重文件保存至本地项目目录下某个位置。例如,在项目目录中新建 ckpt 目录,并将模型文件保存在该目录下。

(2) 修改模型输入/输出设置。在 Stream YOLO 项目中,很多输入/输出控制参数并未以传参形式或变量形式存在,而是直接以匿名常量的形式出现在代码中,如果修改这些参数,只能逐个打开代码,此处直接给出一些修改后的文件,可以让模型使用数据集进行训练,相关代码见"代码文件 19-1"。

（3）进入项目目录,输入以下命令开始训练。

```
python tools/train.py - f cfgs/s_s50_onex_dfp_tal_flip.py - d 1 - b 8 - c ckpt/yolox - s.pth
- o -- fp16
```

含义如下:

-d:GPU 数量。

-b:批处理尺寸,推荐为 GPU 数×8。

--fp16:使用混合精度训练。

-c:初始模型文件。

训练结果保存至 data_1/output/stream_yolo/s_s50_onex_dfp_tal_flip/best_ckpt.
pth 中。

19.3.3 模型应用

Stream YOLO 在检测部分仍有不少参数以常量的形式出现在代码中,并且未提供任何对外的接口。因此,以 sAP/streamyolo/streamyolo_det.py 为基础重写后端代码,并另存至 sAP/streamyolo/AutoAimer.py 中,供读者自行对比。

重写的后端代码主要具有以下功能,每个功能均可单独开启或关闭。

（1）对整个屏幕以一定帧速率指定区域进行截图。

（2）对上一步所得数组中的数据进行检测。

（3）对上一步所得结果进行可视化。

相较于 Stream YOLO 项目中的代码,重写的后端高度集成,移植时仅需 3 个文件便可以在任意配置好的环境中启动,而无须再依赖原目录中的代码。

（4）后端:AutoAimer.py。

模型配置文件:s_s50_onex_dfp_tal_flip.py。

训练所得权重:best_ckpt.pth。

达成高度封装的同时提供丰富的接口,参数可以手动调整,也可以保留全自动的方法,让不想手动配置参数的用户可以一键启动。相关代码见"代码文件 19-2"。

后端可以调用 AutoAimer.startAutoAimer()函数一键启动,也可以在调用一系列接口自定义参数后,再分别启动(或停止)各个功能。

（5）设计 Qt 前端主要是接收来自后端处理的图像信息并在排版设计的应用窗口中进行显示。同时,也要有一些按钮能够控制脚本的运行与协调。

完整代码见"代码文件 19-3"。

19.4 系统测试

将数据带入模型进行测试,模型可以将人从画面中识别并做标记,如图 19-15 所示。

Qt 的前端界面如图 19-16 所示。

(a)

(b)

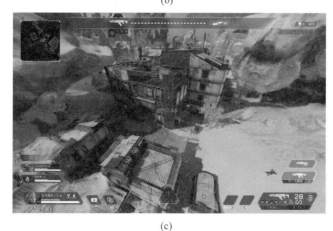

(c)

图 19-15　模型效果

　　模型应用包含一个显示画框识别结果的显示区及两个用来操作的按钮。首先,单击按钮开始识别;其次,启动相关线程,并开启传输图像数据进行显示,如图 19-17 所示。

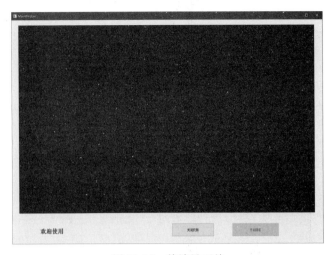

图 19-16　前端界面关

图 19-17　前端界面开

按钮此时是关闭状态,单击关闭识别按钮可以停止线程工作。测试结果如图 19-18 所示,左边为数据源,右边为前端窗口,可以看到前端窗口中的敌人有检测框标记。

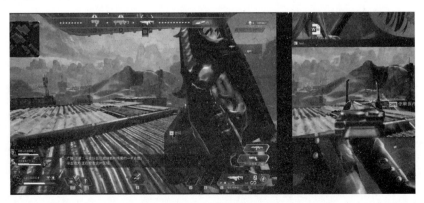

图 19-18　测试结果

项目 20

垃 圾 分 类

本项目通过自行采集的数据集,设计一款基于 TensorFlow 的 MobileNet v2 模型,实现垃圾分类。

20.1 总体设计

本部分包括整体框架和系统流程。

20.1.1 整体框架

整体框架如图 20-1 所示。

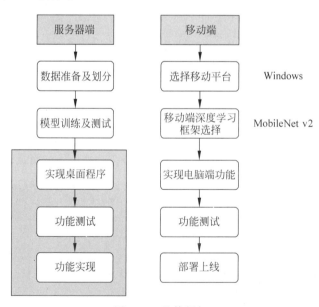

图 20-1 整体框架

20.1.2 系统流程

系统流程如图 20-2 所示。

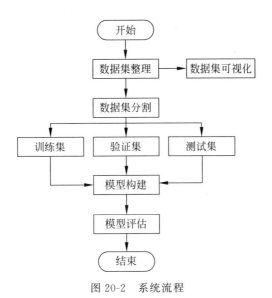

图 20-2 系统流程

20.2 运行环境

本部分包括 Python 环境、TensorFlow 环境和 PyQt5 环境。

20.2.1 Python 环境

Windows 用户下载 Python 3.8 的 miniconda 即可,配置虚拟环境如图 20-3 所示。

图 20-3 配置虚拟环境

为了方便查看和调试代码,本项目使用 PyCharm,如图 20-4 所示。

图 20-4　PyCharm 界面

20.2.2　TensorFlow 环境

(1) miniconda 安装完毕后打开 Windows 的命令行(cmd),输入 conda env list,如果出现 conda environments,则表示 conda 已完成安装。

(2) 创建 Python,版本为 3.7.3、名称为 tf2.3 的虚拟环境:

```
conda create – n tf2.3 python == 3.7.3
```

(3) 有需要确认的地方都输入 y。

(4) 安装结束后输入下列指令激活虚拟环境,如果出现(tf2.3)表示环境激活成功: conda activate tf2.3。

(5) 在命令行中依次执行下列命令安装所需的包。

```
pip install tensorflow – cpu == 2.3.0 – i https://mirror.baidu.com/pypi/simple
pip install pyqt5 – i https://mirror.baidu.com/pypi/simple
pip install pillow – i https://mirror.baidu.com/pypi/simple
pip install opencv – python – i https://mirror.baidu.com/pypi/simple
pip install matplotlib – i https://mirror.baidu.com/pypi/simple
```

(6) 打开 PyCharm 之后在软件的右下角找到 Add interpreter 添加已经建立的虚拟环境。

20.2.3　PyQt5 环境

（1）在 cmd 下输入 pip install PyQt5，完成 PyQt5 安装后再安装 qt designer，如果 QT designer 无法使用 pip 安装，可以下载 whl 文件，如图 20-5 所示。

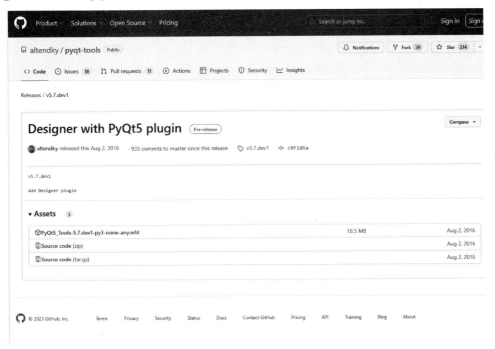

图 20-5　下载 whl 文件界面

（2）配置 PyCharm 是为了实现打开 QTdesigner 后生成 Qt 文件，并将其转换成 Python 语言的软件文件。步骤如下：打开 PyCharm，单击 settings→Tools→External Tools，单击绿色＋号，添加 Tools。Name：可自己定义；Program：指向上述安装 PyQt5-tools 中的 designer.exe；Work directory：使用变量 $FileDir$。新建 PyUIC，主要是将 Qt 界面转换成 py 代码。

20.3　模块实现

本部分包括数据准备、模型构建、模型训练和模型应用，下面分别给出各模块的功能介绍及相关代码。

20.3.1　数据准备

通过爬虫爬取百度图像的代码，输入自己想要爬取的图像名称和图像数量，得到相应的图像。数据集收集完成后进行整理，因为爬虫爬取的图像可能会有部分模糊不清，所以需要进行数据的清洗,删除质量较差的图像。为了方便进行数据集的加载,将图像划分为训练集和测试集,利用数据集划分的代码逻辑,可以输入原始数据集位置和划分后的数据集位置,指定数据集划分的比例,即可完成任务。

1. 爬虫爬取图像

相关代码见"代码文件 20-1"。

2. 数据集划分

相关代码见"代码文件 20-2"。

20.3.2 模型构建

数据加载进模型之后,需要定义结构并优化函数及性能指标。

1. 定义结构

定义模型结构如图 20-6 所示。

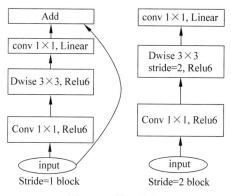

图 20-6　模型结构

相关代码见"代码文件 20-3"。

2. 优化函数及性能指标

确定模型架构之后,对模型进行编译,这是多类别的分类问题,因此使用交叉熵作为损失函数。由于所有的标签都带有相似的权重,经常使用精确度作为性能指标。Adam 是一个很常用的梯度下降方法,使用这个方法来优化模型参数。

```
#定义损失函数和优化器
cross_entropy = -tf.reduce_sum(y_ * tf.log(y_conv))
train_step = tf.train.AdamOptimizer(1e-4).minimize(cross_entropy)
correct_predict = tf.equal(tf.argmax(y_conv, 1), tf.argmax(y_, 1))
accuracy = tf.reduce_mean(tf.cast(correct_predict, "float32"))
```

20.3.3 模型训练

采用迁移学习的训练方式,只使用 mobilenet 的特征提取层,特征提取层的参数已经在大型数据集 imagenet 上训练好,不需要再进行训练,这里只需要添加全连接层,对应到具体的分类数据即可,相关代码见"代码文件 20-4"。

通过观察训练集和测试集的损失函数、准确率的大小评估模型的训练程度,进而进行模型训练的进一步决策。一般来说,训练集和测试集的损失函数(或准确率)不变且基本相等为模型训练的较佳状态。相关代码见"代码文件 20-5"。

可以将训练过程中保存的准确率和损失函数以图像的形式表现出来,方便观察,如图 20-7 所示。

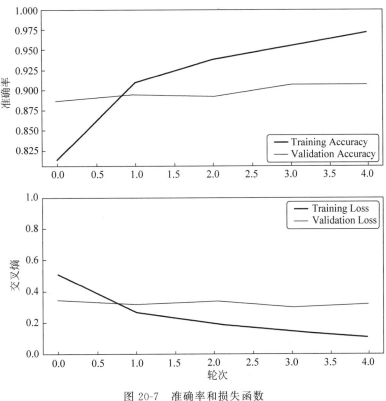

图 20-7　准确率和损失函数

20.3.4　模型应用

桌面程序的构建使用 PyQt5,开发的界面程序主要功能是上传图像和图像预测,界面程序是代码中的 window_trash.py。

1. 图像的上传与预测

图像上传和预测的逻辑如下:用户单击上传图像的功能进行图像的上传,系统将图像处理成 224 的大小,方便后面传输到模型进行预测,单击预测按钮之后系统调用在 18 行中加载好的模型预测结果并进行显示。相关代码见"代码文件 20-6"。

2. 完整代码

完整代码见"代码文件 20-7"。

20.4 系统测试

模型测试通过 evaluate 函数进行，执行该函数之前需要先加载数据集和训练好的模型，直接执行该测试文件即可，会在命令行中输出具体的准确率信息，代码是 test_model.py，如图 20-8 所示。

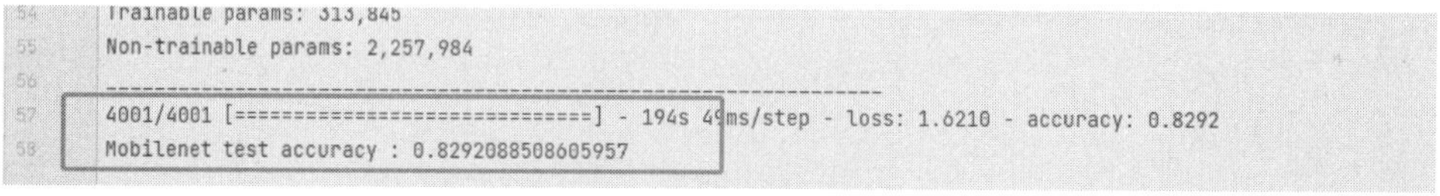

图 20-8 模型准确率

程序可以直接运行，初始界面如图 20-9 所示。

图 20-9 应用初始界面

界面从上至下有两个按钮，一个是上传图片，一个是开始识别。单击第二个按钮开始识别，可以看到文本框的内容变为识别结果和物品介绍，如图 20-10 所示。

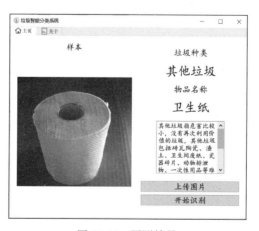

图 20-10 预测结果

更多图像测试结果如图 20-11 所示。

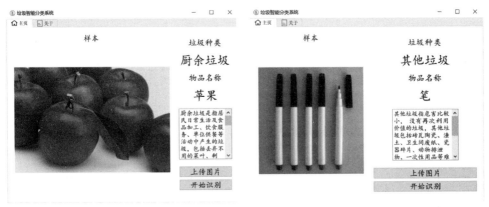

图 20-11　测试结果

垃圾邮件识别

本项目基于机器学习的朴素贝叶斯算法,通过 Flask 将垃圾邮件显示在网页端。

21.1 总体设计

本部分包括整体框架和系统流程。

21.1.1 整体框架

整体框架如图 21-1 所示。

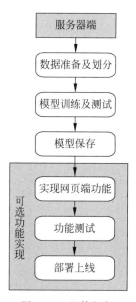

图 21-1 整体框架

21.1.2 系统流程

系统流程如图 21-2 所示。

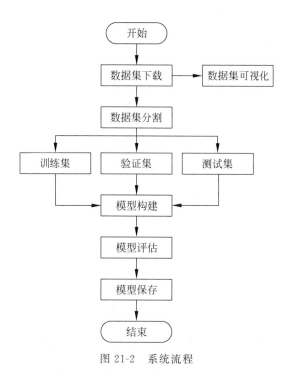

图 21-2 系统流程

21.2 运行环境

本部分包括 Python 环境和 Flask 环境。

21.2.1 Python 环境

在 Windows 环境下下载 Anaconda,完成 Python 3.6 及以上版本的环境配置,如图 1-3 所示。

21.2.2 Flask 环境

在 Python 环境中安装 Flask 模块,打开 Anaconda Prompt 后输入 pip install flask 指令,完成网页展示所需要的模块。

21.3 模块实现

本部分包括数据准备、朴素贝叶斯算法、词划分和贝叶斯垃圾邮件分类自动化处理。下面分别给出各模块的功能介绍及相关代码。

21.3.1 数据准备

获取所有单词的集合(不含重复元素的单词列表),相关代码见"代码文件 21-1"。

21.3.2　朴素贝叶斯算法

对垃圾邮件中侮辱性单词作标记,并且统计出现的次数,便于后面计算概率;遍历文件,如果是侮辱性文件,则计算侮辱性单词出现的个数。相关代码见"代码文件 21-2"。

21.3.3　词划分

为了能够区分正常词汇与侮辱性词汇,需要做一个属于词性类型的划分,相关代码如下。

```
def text_parse(big_str):
    """
    param big_str: 某个被拼接后的字符串
    return: 全部是小写的 word 列表,去掉少于 2 个字符的字符串
    """
    import re
    # 推荐用 \W+ 代替 \W*
    token_list = re.split(r'\W+', big_str)
    if len(token_list) == 0:
        print(token_list)
    return [tok.lower() for tok in token_list if len(tok) > 2]
```

21.3.4　贝叶斯垃圾邮件分类自动化处理

读取存放在计算机中的垃圾邮件和正常邮件进行模型处理,并且需要一封测试邮件的内容展示垃圾邮件分类的处理效果,相关代码见"代码文件 21-3"。

21.3.5　训练效果展示

测试邮件内容如下:

```
Buy Ambiem (Zolpidem) 5mg/10mg @ $2.39/- pill 30 pills x 5 mg - $129.00 60 pills x 5 mg - $
199.20 180 pills x 5 mg - $430.20 30 pills x 10 mg - $138.00 120 pills x 10 mg - $322.80
```

可以看出,图 21-3 中的内容不是垃圾邮件。

```
In [1]: runfile('C:/Users/86181/Desktop/垃圾email.py', wdir='C:/Users/86181/Desktop
the word: 00120 is not in my vocabulary
the result is: 1
the testSet length is : 10
the errorCount is : 0
the error rate is 0.0
```

图 21-3　测试邮件结果

21.4　系统测试

运行 app.py 得到检测网址,如图 21-4 所示,输入邮件内容并进行检测。

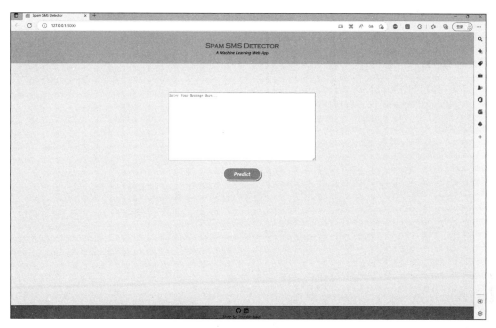

图 21-4　网页效果

网页使用代码如下。

```python
from flask import Flask, render_template, url_for, request
import pickle
import preprocessing
# Load the Multinomial Naive Bayes model and CountVectorizer model from disk
cv = pickle.load(open('cv-transform.pkl', 'rb'))
model = pickle.load(open('mnb-model-spam-analysis.pkl', 'rb'))
app = Flask(__name__)
@app.route('/')
def home():
    return render_template('home.html')
@app.route('/predict', methods = ['POST'])
def predict():
    message = request.form['message']
    text = [message]
    data = preprocessing.process(text)
    vec = cv.transform(data)
    prediction = model.predict(vec)
    return render_template('result.html', prediction = prediction)
if __name__ == '__main__':
    app.run(debug = True)
```

运行 app.py 得到网址，初始界面如图 21-5 所示。

界面从上至下分别是标题、一个文本框和一个按钮。

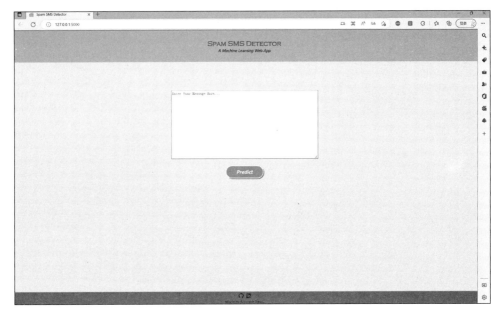

图 21-5　应用初始界面

该图像为初始界面,输入邮件内容后单击 Predict 按钮进行检测。输出内容如下：

What is going on there?
I talked to John on email. We talked about some computer stuff that's it.

单击 Predict 按钮,界面内容变为"Great! This is NOT a SPAM message.",如图 21-6
所示。

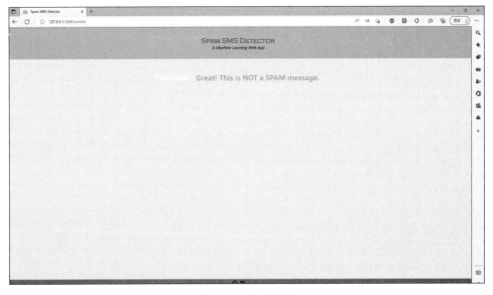

图 21-6　检测结果

Ham: What is going on there?
I talked to John on email. We talked about some computer stuff that's it.

测试前输入内容如图 21-7 所示。

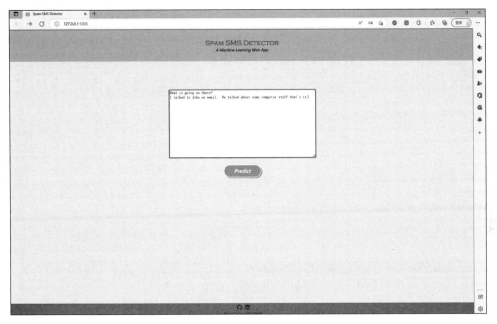

图 21-7　测试前输入内容

测试结果如图 21-8 所示。

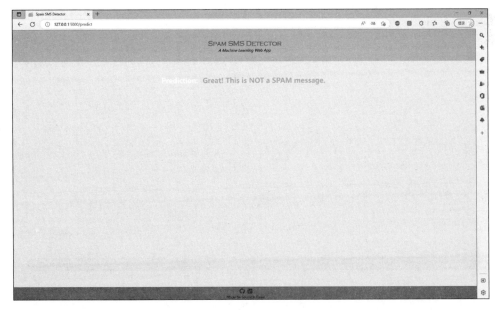

图 21-8　测试结果

测试前输入内容如图 21-9 所示。

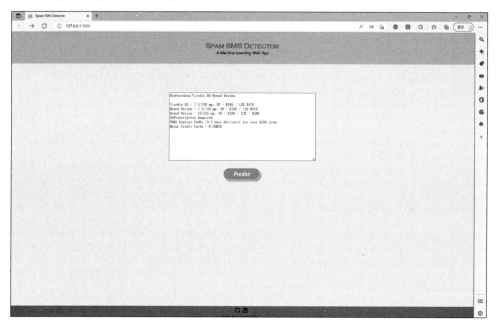

图 21-9　测试前输入内容

测试结果如图 21-10 所示。

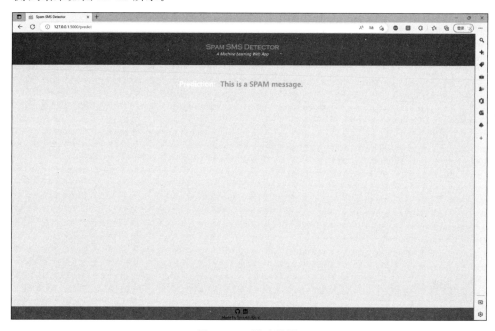

图 21-10　测试结果

项目 22

宿舍门禁系统

本项目基于 PubFig Dataset 数据集，通过 TensorFlow 的二维卷积神经网络模型，实现人脸识别的宿舍门禁系统。

22.1　总体设计

本部分包括整体框架和系统流程。

22.1.1　整体框架

整体框架如图 22-1 所示。

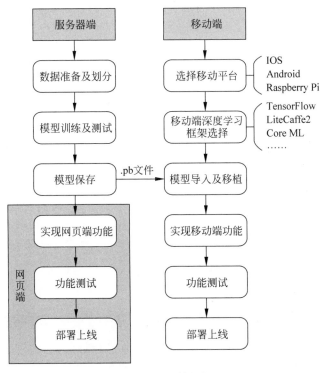

图 22-1　整体框架

22.1.2 系统流程

系统流程如图 22-2 所示。

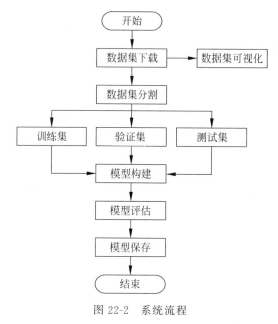

图 22-2 系统流程

22.2 运行环境

本部分包括 Python 环境和网页端。

22.2.1 Python 环境

使用 Visual Studio Code 中的 Python 插件构建 Python 运行环境,通过 VS 官网进行软件下载。

22.2.2 网页端

HTML 前端代码及 Python 相关代码可以在 Visual Studio Code 内完成。新建 HTML 代码界面,打开 Visual Studio Code,选择 File→New File,输入文档名及需要的文件后缀即可新建文件。

22.3 模块实现

本部分包括数据准备、模型构建、模型训练、模型应用和模型运行,下面分别给出各模块的功能介绍及相关代码。

22.3.1　数据准备

运行 Redis,并在 setting.py 文件中配置数据库连接信息。MySQL 数据库使用 5.7.27 开发,Windows 系统调试用 Redis-x64-3.2.100,默认监听 127.0.0.1,6379 端口。相关代码见"代码文件 22-1"。

22.3.2　模型构建

本部分采用 SVM 分类器模块进行人脸识别的算法应用。

1. 分类器模块及数据表

SVM 分类器基于统计学习理论和结构风险最小原理的分类算法,提高学习机的泛化能力,实现经验风险和期望风险最小化。SVM 的学习策略是间隔最大化,寻找能够分开两类样本并具有最大分类间隔的最优分类超平面。

SVM 分类器的原理是通过非线性变换将低维空间中的非线性分类的样本映射成高维空间中的线性可分样本,然后在映射后的高维空间线性样本中构建最优的分类超平面。其非线性变换是由选择适当的内积函数得到的,内积函数称为 SVM 核函数,通过 SVM 算法,实现人脸识别。最后生成数据表,相关代码如下。

```
python manage.py makemigrations
python manage.py migrate
```

2. 人脸识别模型及模型优化

人脸识别模型用于解决 OpenCV 绘图时中文出现乱码的问题,具体方法如下:

(1) OpenCV 图像格式转换成 PIL 的图像格式。

(2) 使用 PIL 绘制文字。

(3) PIL 格式转换成 OpenCV 格式。

参数如下:

image:OpenCV 格式的图像;strs:内容;local:位置;sizes:大小;color:颜色。

人脸检测器及摄像头调用代码见"代码文件 22-2"。

22.3.3　模型训练

通过摄像头拍摄到的图像采用 Dlib 的人脸特征点检测器算法,生成单张人脸图像的 128D 特征,并从数据库获取人脸数据(缓存 5 分钟),相关代码见"代码文件 22-3"。

22.3.4　模型应用

账户登录时相关代码见"代码文件 22-4"。

22.3.5　模型运行

(1) 实现程序的方式是通过网页进入。

（2）应用初始界面如图 22-3 所示，网页登录界面如图 22-4 所示。

图 22-3　应用初始界面

图 22-4　网页登录界面

22.4　系统测试

将数据带入模型进行测试，对分类的标签与原始数据进行显示并对比，如图 22-5 所示。

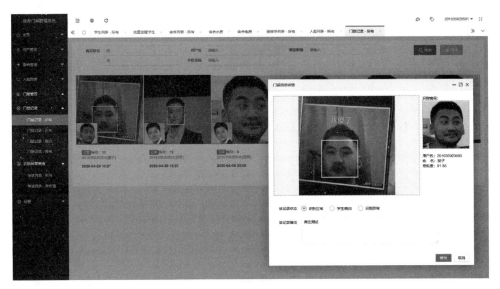

图 22-5 测试效果

项目 23

人 数 检 测

本项目采用 UPLOv5 作为训练模型，Classroom Monitoring Dataset-Kaggle 作为数据集，选择 PyQt5 完成前端的界面设计，实现检测系统对人数的统计。

23.1 总体设计

本部分包括整体框架和系统流程。

23.1.1 整体框架

整体框架如图 23-1 所示。

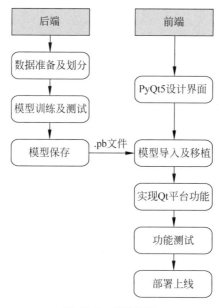

图 23-1 整体框架

23.1.2　系统流程

系统流程如图 23-2 所示。

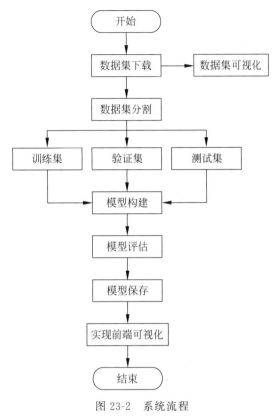

图 23-2　系统流程

23.2　运行环境

本部分包括 Python 环境和其他安装包。

23.2.1　Python 环境

在 Windows 环境下下载 Anaconda,完成 Python 3.7 及以上版本的环境配置,如图 1-3 所示,也可以下载虚拟机在 Linux 环境下运行代码。

23.2.2　其他安装包

(1) anaconda 安装完成之后切换到国内源提高下载速度,命令如下:

```
conda config -- remove- key channels
    conda config -- add channels https://mirrors.ustc.edu.cn/anaconda/pkgs/main/
```

```
conda config -- add channels https://mirrors.ustc.edu.cn/anaconda/pkgs/free/
conda config -- add channels https://mirrors.bfsu.edu.cn/anaconda/cloud/pytorch/
```

开源软件镜像站如图 23-3 所示。

图 23-3　开源软件镜像站

```
conda config -- set show_channel_urls yes
pip config set global.index-url
https://mirrors.ustc.edu.cn/pypi/web/simple
```

（2）创建 Python 虚拟环境，命令如下：

```
conda create -n yolo5 python==3.8.5
conda activate yolo5
```

（3）其他程序必要的安装包采用 pip 指令直接下载即可：

```
pip install -r requirements.txt
pip install pyqt5
pip install labelme
```

23.3　模块实现

本部分包括数据准备、模型构建、模型训练、模型保存和模型应用，下面分别给出各模块的功能介绍及相关代码。

23.3.1　数据准备

本项目选用 Classroom Monitoring Dataset-Kaggle 作为数据集。该数据集是关于密集人群的数据集,分为 A、B 两部分,共包含 4405 张图像,标注格式为 xml,需要通过 xml2txt.py 文件将其转化为符合 YOLOv5 格式的 txt 标注。其中 xml2txt.py 代码见"代码文件 23-1"。

23.3.2　模型构建

数据加载进模型之后,需要定义结构并优化函数。

1. 定义结构

在 YOLOv5 中,模型结构写在 .yaml 中,YOLOv5 包括 yolov5s、yolov5m、yolov5l 和 yolov5x,它们的模型结构相同,区别是 depth_multiple 和 width_multiple 参数分别表示模型的深度因子和宽度因子。

在 yolo.py 中,parse_model 函数下的代码将深度因子和宽度因子进行读取和赋值。

```
anchors, nc, gd, gw = d['anchors'], d['nc'], d['depth_multiple'], d['width_multiple']
```

深度因子参与运算代码:

```
n = max(round(n * gd), 1)if n > 1 else n        # depth gain
```

n 表示结构的个数,n 是 ≥1 的整数,depth_multiple 越大,模型结构的个数越多,因此网络就更深。

宽度因子参与运算的代码:

```
c2 = make_divisible(c2 * gw, 8)
```

c2 代表当前层的输出通道(channel)数,width_multiple 越大,模型结构的通道数越多,因此看起来就更宽。

最核心的网络构建部分是从 YOLOv3 开始,YOLO 系列的网络结构分成骨干(backbone)、颈部(neck)和头部(head),颈部和头部代码统一写在 head 之中。

backbone 的相关代码见"代码文件 23-2"。

数据集中图像的 4 个参数分别表示 1 个 batch 中的样本数、通道数、图像的长和宽。例如,输入[1,32,320,320],这是卷积层输入的尺寸。如果一个 batch 有一个样本,每个样本有 32 个通道,图像的长和宽是 320 像素,给出卷积层有 128 个通道,每个卷积核的大小是 3,卷积层在图像上滑的步长是 2,计算卷积层的输出尺寸,公式如下。

```
out_size = (in_size - K + 2P) / S + 1
```

输出特征图的长和宽为 round((320−3)/2 + 1)=160,因此输出特征图尺寸为 160×160,注:卷积层定义的 out_channel 是 128,输出却变成了 64,主要原因是宽度因子在起作用。Yolov5s 的宽度因子为 0.5,导致真实的 out_channel =128×0.5=64。因此,输入结果变成(1,64,160,160)。其他模块的计算方式类似。

head 的相关代码见"代码文件 23-3"。

每个检测头使用 1×1 的卷积核调整维度,这个卷积核不包括在 .yaml 文件中,最后一行输出 17、20 和 23。

2. 优化函数

在 util/loss.py 中,computeloss 类用于计算损失函数:

```
#Focal loss
    g = h['fl_gamma']        #focal loss gamma
    if g > 0:
        BCEcls, BCEobj = FocalLoss(BCEcls, g), FocalLoss(BCEobj, g)
```

开启 Focal loss 的相关代码见"代码文件 23-4"。

23.3.3 模型训练

在定义模型架构和编译模型之后,使用训练集去训练模型,使得模型可以识别图像中的人数,这里使用训练集和测试集来拟合模型。

本项目选择 YOLOv5s 作为训练模型,其训练命令如下:

```
python train.py -- img 640 -- batch 16 -- epochs 5 -- data ./data/coco128.yaml -- cfg ./
models/yolov5s.yaml -- weights ''
```

训练模型中可调整参数如下:

epochs:训练的 epoch,默认值 300;batch-size:默认值 16;cfg:模型的配置文件,默认为 yolov5s.yaml;data:数据集的配置文件,默认为 data/coco128.yaml;img-size:训练和测试输入大小,默认为 [640,640];rect:rectangular training,布尔值;resume:是否从最新的 last.pt 中恢复训练,布尔值;nosave:仅保存最后的 checkpoint,布尔值;notest:仅在最后的 epoch 上测试,布尔值;evolve:进化超参数(evolve hyperparameters),布尔值;bucket:gsutil bucket,默认值 '';cache-images:缓存图像可以更快地开始训练,布尔值;weights:初始化参数路径,默认值 '';name:如果提供,将 results.txt 重命名为 results_name.txt;device:CUDA 设备,例如 0、cpu 或 0、1、2、3,默认 '';adam:使用 adam 优化器,布尔值;multi-scale:改变图像尺寸 img-size +/0- 50%,布尔值;single-cls:训练单个类别的数据集,布尔值。

训练结果如图 23-4 所示。

目标检测最常用的评价指标是 mAP,它是介于 0~1 的一个数字,这个数字越接近 1,表示模型的性能越好。

接触到的指标分别是召回率 recall 和精度 precision,两个指标都是简单地从一个角度判断模型的好坏,均介于 0~1,其中接近 1 表示模型的性能好,接近 0 表示模型的性能差,为了综合评价目标检测的性能,一般采用均值平均密度 mAP 进一步评估模型的好坏。通过设定不同的置信度的阈值,可以得到模型在不同的阈值下所计算出的 r 值和 p 值,p 值和 r 值是负相关的,绘制出来可以得到如图 23-5 所示的曲线。其中,曲线的面积称为 AP,模型检测中每个目标可计算出一个 AP 值，对所有的 AP 值求平均则可以得到模型的 mAP 值，以本文为例，可以计算佩戴安全帽和未佩戴安全帽两个目标的 AP 值，然后对两组 AP 值求平均，得到整个模型的 mAP 值，该值越接近 1 表示模型的性能越好。

```
results.txt - 记事本
文件(F) 编辑(E) 格式(O) 查看(V) 帮助(H)
640   0.9294   0.8881   0.9426   0.5321   0.03826   0.1003   0
      79/99    6.52G    0.04249  0.08575  0         0.1282   567
640   0.9288   0.8884   0.9425   0.5321   0.03824   0.09987  0
      80/99    6.52G    0.0427   0.0847   0         0.1274   420
640   0.9367   0.8803   0.9431   0.5321   0.03824   0.1001   0
      81/99    6.52G    0.04248  0.08443  0         0.1269   709
640   0.9307   0.8874   0.9435   0.533    0.03825   0.1003   0
      82/99    6.52G    0.04232  0.08458  0         0.1269   741
640   0.9229   0.8911   0.9408   0.5321   0.03827   0.1002   0
      83/99    6.52G    0.04246  0.08438  0         0.1268   765
640   0.9273   0.8903   0.9424   0.5332   0.03828   0.1001   0
      84/99    6.52G    0.04217  0.08269  0         0.1249   602
640   0.9275   0.8908   0.9426   0.5337   0.03823   0.1001   0
      85/99    6.52G    0.0423   0.08384  0         0.1261   695
640   0.9312   0.8857   0.9418   0.5328   0.03821   0.1001   0
      86/99    6.52G    0.04205  0.08333  0         0.1254   411
640   0.9326   0.8852   0.9415   0.5331   0.03822   0.1002   0
      87/99    6.52G    0.04219  0.08287  0         0.1251   498
640   0.9272   0.8867   0.9412   0.5325   0.03821   0.1001   0
      88/99    6.52G    0.04205  0.08311  0         0.1252   553
640   0.9337   0.8833   0.9408   0.5325   0.03828   0.1003   0
      89/99    6.52G    0.04218  0.08204  0         0.1242   642
640   0.9324   0.8847   0.9412   0.5336   0.03821   0.1003   0
      90/99    6.52G    0.04184  0.08414  0         0.126    593
640   0.9249   0.8917   0.942    0.5342   0.03822   0.1003   0
      91/99    6.52G    0.04213  0.08266  0         0.1248   649
640   0.9317   0.8848   0.9414   0.5332   0.03827   0.1003   0
      92/99    6.52G    0.0421   0.08229  0         0.1244   549
640   0.9268   0.8911   0.9417   0.5332   0.0382    0.1001   0
      93/99    6.52G    0.04193  0.08361  0         0.1255   416
640   0.9341   0.8801   0.9408   0.5343   0.03811   0.1002   0
      94/99    6.52G    0.0419   0.08247  0         0.1244   565
640   0.9292   0.8896   0.9418   0.5339   0.03823   0.1002   0
      95/99    6.52G    0.04197  0.08442  0         0.1264   857
640   0.9345   0.8834   0.9421   0.534    0.03823   0.1003   0
      96/99    6.52G    0.04184  0.08216  0         0.124    849
640   0.9344   0.8848   0.9416   0.5323   0.03825   0.1001   0
      97/99    6.52G    0.042    0.08296  0         0.125    405
640   0.9376   0.8809   0.9424   0.535    0.0382    0.1001   0
      98/99    6.52G    0.04194  0.08272  0         0.1247   431
640   0.9306   0.887    0.9415   0.5346   0.03821   0.1003   0
      99/99    6.52G    0.04174  0.08231  0         0.124    349
640   0.9367   0.883    0.9423   0.5344   0.03822   0.1004   0
第 1 行，第 1 列   100%   Unix (LF)   UTF-8
```

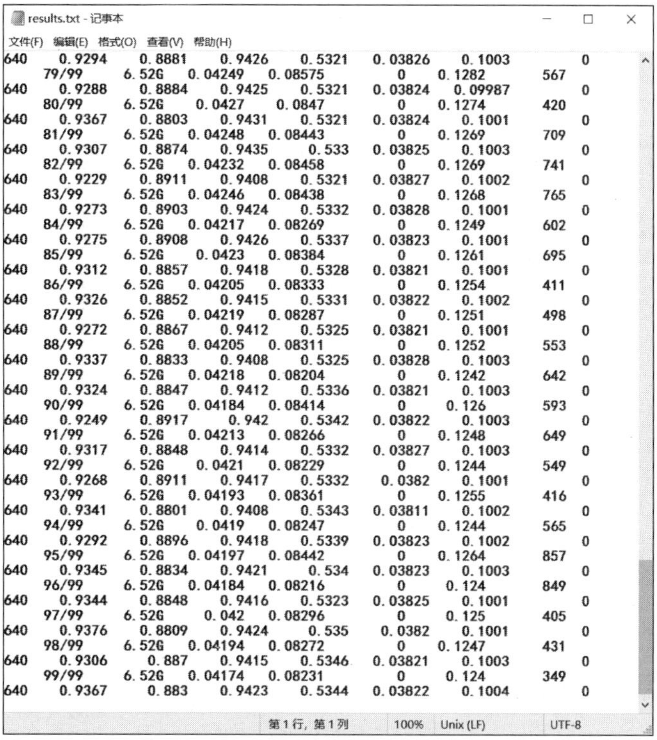

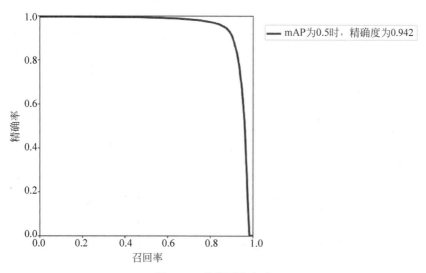

图 23-4　训练结果

图 23-5　均值平均密度

以 PR-curve 为例,训练得到的模型在验证集上平均密度为 0.942,如图 23-5 所示。

23.3.4 模型保存

执行 train.py 的指令后会在 YOLOv5s 下生成 runs 文件夹,包含训练集、测试集和验证集三部分的运行结果。通过 runs/train/weights 路径找到已经训练好的模型 best.py 及 last.py。一般情况下选用前者,因为它表示训练效果最好的模型。该模型可以直接移植到其他环境中使用。

23.3.5 模型应用

通过 PyQt5 设计可视化界面,调用本地相册获取数字图像,并将数字图像转换为数据,传输到训练得到的模型中,获取输出。

由于 PyQt5 支持直接使用 YOLOv5s 模型,因此只需要在可视化界面将模型路径进行添加即可完成导入和调用工作。其指令如下:

```
self.model = self.model_load(weights = "runs/train/exp8/weights/best.pt",
device = "cpu")
```

完整代码见"代码文件 23-5"。

23.4 系统测试

本部分包括训练准确率及测试效果。

23.4.1 训练准确率

训练准确率达到 95% 以上,意味着这个预测模型训练比较成功。如果查看整个训练日志,就会发现,随着 epoch 次数的增多,模型在训练数据、测试数据上的损失和准确率逐渐收敛,最终趋于稳定,如图 23-6 所示。

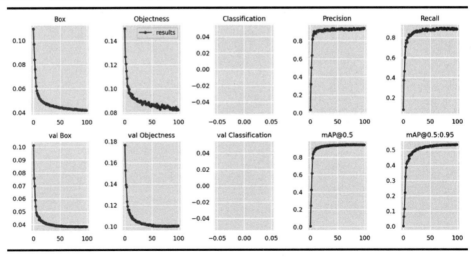

图 23-6 训练准确率

23.4.2 测试效果

运行 window.py 程序,初始界面如图 23-7 所示。

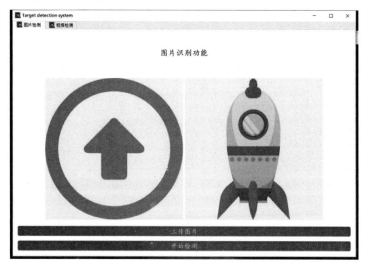

图 23-7 初始界面

检测界面以两张图像为主。左边表示上传的图像,可通过单击上传图像按钮完成上传工作。单击开始检测按钮实现对图像中的人数统计,如图 23-8 所示。

图 23-8 人数检测

将数据带入模型进行测试,对分类的标签与原始数据进行显示并对比,如图 23-9 所示,可以实现手写数字的识别。

图 23-9　测试结果

项目 24

医 疗 诊 断

本项目通过决策树方法,对乳腺癌数据集的 569 个病例进行训练,实现对患者的病情诊断。

24.1 总体设计

本部分包括整体框架和系统流程。

24.1.1 整体框架

整体框架如图 24-1 所示。

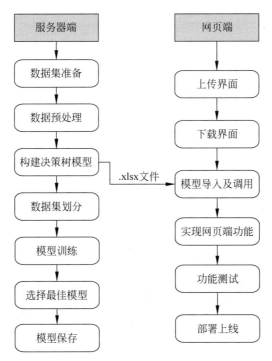

图 24-1 整体框架

24.1.2 系统流程

系统流程如图 24-2 所示。

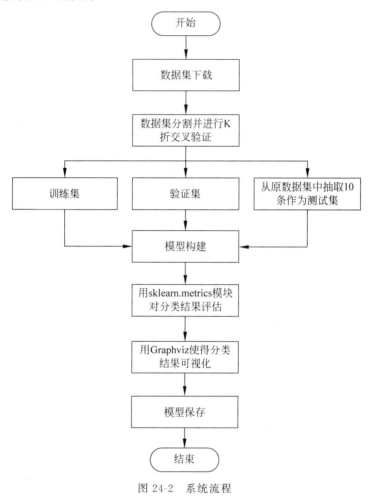

图 24-2 系统流程

24.2 运行环境

本部分包括 Python 环境、Sklearn 环境和网页端。

24.2.1 Python 环境

在 Windows 环境下下载 Anaconda,完成 Python 3.6 及以上版本的环境配置,如图 1-3 所示。

24.2.2 Sklearn 环境

(1) 使用 requirements.txt 的方式一次性安装所有包。

```
scikit_learn == 0.20.0
graphviz == 0.8.4
numpy == 1.15.3
pandas == 0.23.4
matplotlib == 3.0.1
scipy == 1.1.0
```

(2) 打开 Anaconda Prompt(anaconda3)并且创建虚拟环境,输入如下命令:

```
conda create - n ml python = 3.7 - y
```

(3) 激活新创建的 sklearn 虚拟环境,输入如下命令:

```
activate ml
```

(4) 安装所需库,输入如下命令:

```
pip install - r C:\Users\86137\Desktop\requirements.txt - i
https://pypi.mirrors.ustc.edu.cn/simple/
```

24.2.3 网页端

(1) 下载安装 VScode,如图 24-3 所示。

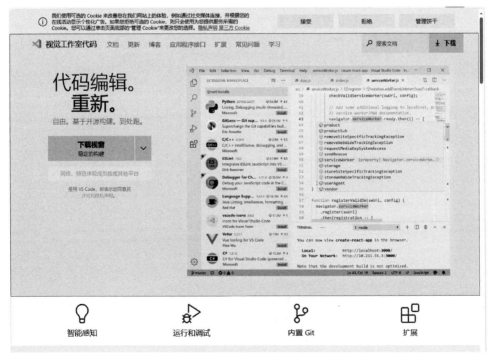

图 24-3 安装 VScode 界面

（2）安装如下插件：Chinese（Simplified）Language Pack for Visual Studio Code、Python、Pylance、open-in-browser、JavaScriptSnippets、vscode-html-css，如图 24-4 所示。

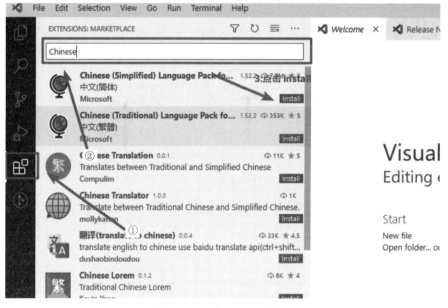

图 24-4　安装 Chinese 界面

右下角弹出是否重启，单击 Restart Now 按钮，如图 24-5 所示。

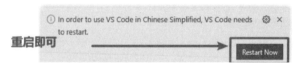

图 24-5　弹出 Restart Now 选择框

（3）运行前端代码。在文件菜单中选择将文件夹添加到工作区，指定文件路径，如图 24-6 所示。

图 24-6　将文件夹添加到工作区

（4）找到 Start.py 文件，右击运行代码，如图 24-7 所示。

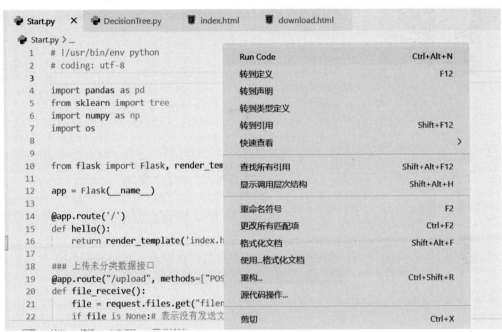

图 24-7 运行代码

（5）启动后端的同时，前端代码也一并被启动。

24.3 模块实现

本部分包括数据准备、模型构建、数据集划分及模型训练、模型选择、模型保存和模型应用，下面分别给出各模块的功能介绍及相关代码。

24.3.1 数据准备

本部分包括数据集来源、数据预处理和原理介绍。

1. 数据集来源

数据集目录如图 24-8 所示。

威斯康星州乳腺癌（诊断）数据集如图 24-9 所示。

下载后的数据集文件如图 24-10 所示。

将.data 文件转换为.xlsx 文件便于处理，如图 24-11 所示。

图 24-8　数据集目录

图 24-9　威斯康星州乳腺癌(诊断)数据集界面

📄 **breast-cancer-wisconsin.data**

图 24-10　下载后的数据集文件

data																	
perimeter_area_se		smoothnes:compactne:concavity:concave p:symmetry_:fractal_d:radius_wo:texture_w:perimeter_area_wors:smoothnes:compactne:concavity:concave p:symmetry_:fractal_d:															
8.589	153.4	0.006399	0.04904	0.05373	0.01587	0.03003	0.006193	25.38	17.33	184.6	2019	0.1622	0.6656	0.7119	0.2654	0.4601	0.1189
3.398	74.08	0.005225	0.01308	0.0186	0.0134	0.01389	0.003532	24.99	23.41	158.8	1956	0.1238	0.1866	0.2416	0.186	0.275	0.08902
4.585	94.03	0.00615	0.04006	0.03832	0.02058	0.0225	0.004571	23.57	25.53	152.5	1709	0.1444	0.4245	0.4504	0.243	0.3613	0.08758
3.445	27.23	0.00911	0.07458	0.05661	0.01867	0.05963	0.009208	14.91	98.87	567.7	0.2098		0.8663	0.6869	0.2575	0.6638	0.173
5.438	94.44	0.01149	0.02461	0.05688	0.01885	0.01756	0.005115	22.54	16.67	152.2	1575	0.1374	0.205	0.4	0.1625	0.2364	0.07678
2.217	27.19	0.00751	0.03345	0.03672	0.01137	0.02165	0.005082	15.47	23.75	103.4	741.6	0.1791	0.5249	0.5355	0.1741	0.3985	0.1244
3.18	53.91	0.004314	0.01382	0.02254	0.01039	0.01369	0.002179	22.88	27.66	153.2	1606	0.1442	0.2576	0.3784	0.1932	0.3063	0.08368
3.856	50.96	0.008805	0.03029	0.02488	0.01448	0.01486	0.005412	17.06	28.14	110.6	897	0.1654	0.3682	0.2678	0.1556	0.3196	0.1151
2.406	24.32	0.005731	0.03502	0.03553	0.01226	0.02143	0.003749	15.49	30.73	106.2	739.3	0.1703	0.5401	0.539	0.206	0.4378	0.1072
2.039	23.94	0.007149	0.07217	0.07743	0.01432	0.01789	0.01008	15.09	40.68	97.65	711.4	0.1853	1.058	1.105	0.221	0.4366	0.2075
2.466	40.51	0.004029	0.009269	0.01101	0.007591	0.0146	0.003042	19.19	33.88	123.8	1150	0.1181	0.1551	0.1459	0.09975	0.2948	0.08452
3.564	54.16	0.005771	0.04061	0.02791	0.01282	0.02008	0.004144	20.42	27.28	136.5	1299	0.1396	0.5609	0.3965	0.181	0.3792	0.1048
11.07	116.2	0.003139	0.08297	0.0889	0.0409	0.04484	0.01284	20.96	29.94	151.7	1332	0.1037	0.3903	0.3639	0.1767	0.3176	0.1023
2.903	36.58	0.009769	0.03126	0.05051	0.01992	0.02981	0.003002	16.84	27.66	112	876.5	0.1131	0.1924	0.2322	0.1119	0.2809	0.06287

图 24-11　将.data 文件转换为.xlsx 文件

　　读取 pandas 数据集时,使用 df.info()函数可以查看数据信息,例如 pd.read_csv()函数、pd.read_excel()函数等。相关代码如下。

```
import pandas as pd
from sklearn import tree
import numpy as np
df = pd.read_excel("./已分类的数据.xlsx",skiprows = 1)
df = df[df.columns[2:]]
df
#查看数据的基本信息、数据类型、是否有缺失值等
df.info()
```

2. 数据预处理

数据加载进模型之后,根据数据集特点进行数据处理。

(1) 各属性为连续数值且均值方差相差较大。如果有些特征的方差过大,则会主导目标函数,从而使参数估计器无法正确地去学习其他特征。

解决方案:一是去均值的中心化(均值变为 0);二是方差的规模化(方差变为 1);三是将特征值等级化,实现数据中心化。

Sklearn.preprocessing 数据预处理的函数分两类:一是标准化;二是将数据特征缩放至某一范围。

```
#标准化数据
from sklearn.preprocessing import scale
X_scale = X# # # # scale(X,axis = 1)
X_scale.shape
```

(2) 数据集样本数量不均衡:良性样本 357 个,恶性 212 个。

解决方案:欠采样。

From collections import Counter 为 Python 自带的计数器。

```
import random
dff = pd.DataFrame(X_scale,columns = X.columns)
```

```
dff['Classess'] = y
l = [ ]
for y, dt in dff.groupby("Classess"):
    if y == 2:
        l.append(dt)
        continue
    l.append(dt.sample(len(dt) - 127, random_state = 200))
df = pd.concat(l)
# 获取特征列和预测结果列
X = df.drop("Classess", axis = 1)
y = df["Classess"].values
```

采样后用 pd.concat 将数据进行融合。

3. 原理介绍

本数据集的各项细胞核特征数据均来源于 FNA 乳房活检。FNA 乳房活检得到的样本展示如图 24-12 所示。左侧是良性肿瘤细胞,右侧是恶性肿瘤细胞。两种细胞核最明显的差异是细胞核的大小,恶性细胞核明显较大,数据集特征信息如图 24-13 所示,数据集的类别信息如图 24-14 所示,为了方便,实验中用 2 代表良性,4 代表恶性。

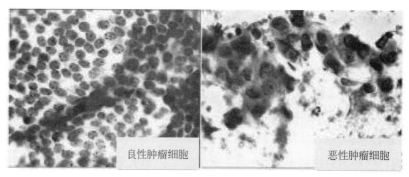

图 24-12 FNA 乳房活检得到的样本

特征	解释
diagnosis	诊断标签: malignant =恶性, benign =良性
radius_mean	半径,即细胞核从中心到周边点的距离 平均值
texture_mean	纹理 (灰度值的标准偏差) 平均值
perimeter_mean	细胞核周长 平均值
area_mean	细胞核面积 平均值
smoothness_mean	平滑度 (半径长度的局部变化) 平均值
compactness_mean	紧凑度 (周长^2 /面积-1.0) 平均值
concavity_mean	凹度 (轮廓凹部的严重程度) 平均值
concave points_mean	凹点 (轮廓凹部的数量) 平均值
symmetry_mean	对称性 平均值
fractal_dimension_mean	分形维数-1 平均值

图 24-13 数据集特征值信息

特征	解释
radius_se	半径,即细胞核从中心到周边点的距离 标准差
texture_se	纹理（灰度值的标准偏差）标准差
perimeter_se	细胞核周长 标准差
area_se	细胞核面积 标准差
smoothness_se	平滑度（半径长度的局部变化）标准差
compactness_se	紧凑度（周长^2/面积-1.0）标准差
concavity_se	凹度（轮廓凹部的严重程度）标准差
concave points_se	凹点（轮廓凹部的数量）标准差
symmetry_se	对称性 标准差
fractal_dimension_se	分形维数-1 标准差

特征	解释
radius_worst	半径,即细胞核从中心到周边点的距离 最大值
texture_worst	纹理（灰度值的标准偏差）最大值
perimeter_worst	细胞核周长 最大值
area_worst	细胞核面积 最大值
smoothness_worst	平滑度（半径长度的局部变化）最大值
compactness_worst	紧凑度（周长^2/面积-1.0）最大值
concavity_worst	凹度（轮廓凹部的严重程度）最大值
concave points_worst	凹点（轮廓凹部的数量）最大值
symmetry_worst	对称性 最大值
fractal_dimension_worst	分形维数-1 最大值

图 24-13 （续）

类型	个数
良性	357
恶性	212

图 24-14 类别信息

数据集属性特点：各属性为连续数值且均值方差相差较大。类别特点：结果有两个类别,样本数量不均衡。

24.3.2 模型构建

（1）构建 C45 决策树模型代码如下。

```
＃选择 C45 决策树模型
alg = "C45"
if alg == 'CART':
    criterion = 'gini'
elif alg == 'C45':
    criterion = "entropy"
```

（2）将特征列和结果列分开。

解决方案：运用 df.drop()函数删除含有指定元素的行或列,或删除指定行或列。

具体用法如下：

```
DataFrame.drop(labels = None,axis = 0,index = None,columns = None,inplace = False)
```

参数说明如下：

Labels：要删除行和列的名字，用列表给定。

axis 默认为 0：指删除行，因此删除 columns 时要指定 axis＝1；index 直接指定要删除的行。

columns：直接指定要删除的列。

inplace＝False：默认该删除操作不改变原数据，而是返回一个执行删除操作后新的 dataframe。

inplace＝True：直接在原数据上进行删除操作，删除后无法返回，方式如下：

（1）labels＝None，axis＝0 的组合。

（2）index 或 columns 直接指定要删除的行或列。

```
# 获取特征列和预测结果列
X = df.drop("Classess",axis = 1)
y = df["Classess"].values
```

24.3.3　数据集划分及模型训练

sklearn.model_selection.train_test_split()：将数组或矩阵分割成随机的序列和测试子集。

参数 test_size：如果是 float，则应介于 0.0 和 1.0 之间，表示要包含在测试拆分中的数据集比例。

参数 random_state：在拆分数据之前控制应用于数据的清洗。

交叉验证目的：尝试利用不同的训练集/验证集划分，对模型进行训练和验证，解决单独测试结果过于片面及训练数据不足的问题。

k 折交叉验证方案：将数据集分为均等不相交的 k 份，依次取其中一份作为验证集，其余为训练集。最终结果是对所有划分的结果取均值。

这里采用五折交叉验证，如图 24-15 所示，把数据平均分成 5 等份，每次实验取 1 份做测试，其余用作训练，实验 5 次后求平均值。第 1 次实验取第 1 份做测试集，其余用作训练集；第 2 次实验取第 2 份做测试集，其余用作训练集，以此类推。

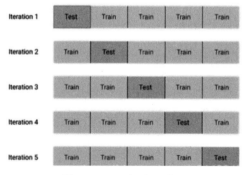

图 24-15　五折交叉验证

调用 GridSearchCV()函数,参数 CV 表示几折交叉验证参数,使用五折交叉验证。

```
# 五折交叉验证加网格搜索确定最佳模型
from sklearn.model_selection import train_test_split
from sklearn.model_selection import GridSearchCV
X_train, X_test, y_train, y_test = train_test_split(X, y, test_size = 0.1, random_state = 1)
param_dict = {"criterion":[criterion],"max_depth":[9,10,11,12,13],
        "random_state":[2022],"min_samples_split":[2,3,4],
        "min_samples_leaf":[2,3,4]}
# 初始化 C45 树模型
model = tree.DecisionTreeClassifier()
cross = 5
grid_search = GridSearchCV(model,param_dict,cv = cross)
grid_search.fit(X_train,y_train)
```

24.3.4　模型选择

使用训练集和测试集进行 k 折交叉验证后确定最佳模型。

(1) 获取不同参数对应的模型分数。

```
# 不同参数对应的模型分数
for score,param in zip(grid_search.cv_results_['mean_test_score'],grid_search.cv_results_
['params']):
    print(score,param)
```

(2) 用 Grid_Search 寻找模型的最佳参数及最佳模型。

```
# 获取最佳参数
grid_search.best_params_
# 获取最佳模型
model = grid_search.best_estimator_
```

24.3.5　模型保存

为了能够被前端网页读取,需要将未分类数据保存为 XLSX 格式,然后在 Start.py 中上传未分类数据,保存在当前目录的/upload 文件夹下,最后调用 DecisionTree.py 进行数据处理。

```
# 上传未分类数据引脚
@app.route("/upload", methods = ["POST", "GET"])
def file_receive():
    file = request.files.get("filename")
    if file is None: # 表示没有发送文件
        return {
            'message': "文件上传失败"
        }
    file_name = file.filename.replace(" ","")
    print("获取上传文件的名称为[ % s]\n" % file_name)
    file.save(os.path.dirname(__file__) + '/upload/' + file_name)     # 保存文件
```

```
    os.system("python DecisionTree.py")
    return render_template('download.html')
    #读取未分类数据输入
df_pred = pd.read_excel("./upload/未分类的数据.xlsx",skiprows = 1)
df_pred
```

通过训练好的模型将未分类数据进行分类,生成分类结果和可视化决策树模型,并保存在当前目录的/download 文件夹下。

```
#可视化决策树模型
import graphviz
dot_data = tree.export_graphviz(model)
graph = graphviz.Source(dot_data)
graph.render("graphviz_DecisionTree", view = False, directory = "./download")
#保存结果文件,输入/输出均为 Excel 文件,数据结构没有变化
df_pred['Classess'] = pred1
df_pred.to_excel("./download/分类结果.xlsx",index = False)
```

可视化结果如图 24-16 所示。

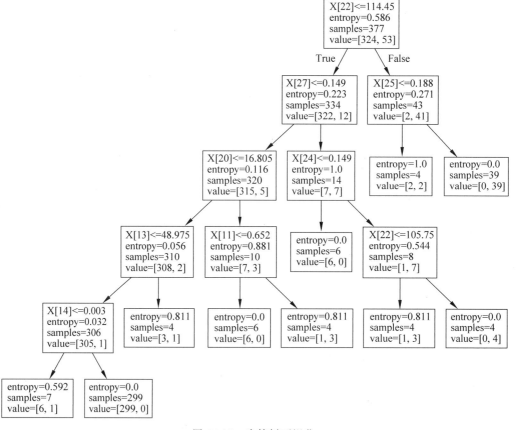

图 24-16　决策树可视化

24.3.6　模型应用

通过网页上传未分类的数据,后端按照训练好的模型进行处理后生成结果文件,并在网页端实现下载处理后的文件。

1. 上传界面

相关代码见"代码文件 24-1"。

2. 下载界面

相关代码见"代码文件 24-2"。

3. 模型导入及调用

(1) 将已分类文件.xlsx 放入项目主文件夹下。

(2) 打开 VScode,运行 Start.py 文件后,在控制台输出界面,前端的本地网址为:127.0.0.1:5000,如图 24-17 所示。

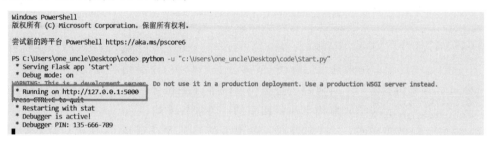

图 24-17　前端进入网址

(3) 打开前端网址界面如图 24-18 所示。

(4) 单击选择文件并上传,后端接收到未处理文件后,会生成两份文件,并跳转界面,此时可下载包含处理结果的文件,如图 24-19 所示。

图 24-18　前端界面　　　图 24-19　诊断结果下载界面

完整代码见"代码文件 24-3"。

24.4　系统测试

本部分包括训练准确率及测试效果。

24.4.1　训练准确率

对训练集和测试集数据进行训练后,用 sklearn.metrics 计算相应的评价指标。

（1）查准率。

```
precision_score(y_true, y_pred, labels = None, pos_label = 1, average = 'binary',) precision
(查准率) = TP/(TP + FP)
```

（2）查全率。

```
recall_score(y_true, y_pred, labels = None, pos_label = 1, average = 'binary', sample_weight =
None)
recall(查全率) = TP/(TP + FN)
```

（3）准确率。

```
accuracy_score(y_true,y_pre)
```

分类准确率分数是指所有分类正确的百分比。

（4）F1 值。

```
f1_score(y_true, y_pred, labels = None, pos_label = 1, average = 'binary', sample_weight = None):
F1 = 2 * (precision * recall) / (precision + recall) precision(查准率) = TP/(TP + FP) recall
(查全率) = TP/(TP + FN)
```

F1 分数是统计学中用来衡量二分类（或多任务二分类）模型精确度的一种指标。它同时兼顾了分类模型的准确率和召回率。F1 分数可以看作模型准确率和召回率的一种加权平均。

```
模型查准率:0.8571428571428571
模型查全率:0.9230769230769231
模型准确率:0.9333333333333333
模型F1_socre:0.9206349206349207
```

图 24-20　模型准确率

四个指标的最大值是 1，最小值是 0，值越大意味着模型越好。通过评分可以看出模型相对较完善，如图 24-20 所示。

```
# 分类结果评估
from sklearn.metrics import precision_score,recall_score,accuracy_score,f1_score
pred_test = model.predict(X_test)
print(f"模型查准率:{precision_score(y_test,pred_test,pos_label = 4)}")
print(f"模型查全率:{recall_score(y_test,pred_test,labels = None, pos_label = 4)}")
print(f"模型准确率:{accuracy_score(y_test,pred_test)}")
print(f"模型 F1_socre:{f1_score(y_test,pred_test,average = 'macro')}")
```

24.4.2　测试效果

从数据集中分离 10 条数据作为未分类数据，运用训练好的模型对其进行分类，并将测试集未分类的数据带入模型进行测试，患者是否为乳腺癌的真实值如图 24-21 所示。

id	diagnosis
925291	B
925292	B
925311	B
925622	M
926125	M
926424	M
926682	M
926954	M
927241	M
92751	B

图 24-21　患者是否为乳腺癌的真实值

相关代码如下。

```
#读取未分类数据
df_pred = pd.read_excel("./未分类的数据.xlsx",skiprows=1)
df_pred
#查看数据的基本信息、数据类型、是否有缺失值等
df_pred.info()
test = scale(df_pred.values)
test
#获取未分类数据的预测结果
pred1 = model.predict(df_pred.values)
pred1
#保存结果文件,输入/输出均为Excel文件,数据结构没有变化
df_pred['Classess'] = pred1
df_pred.to_excel("./download/分类结果.xlsx",index=False)
```

　　患者是否为乳腺癌的真实值与模型对患者进行诊断后的结果对比如图24-22所示,可以看到,B与2对应,M与4对应,对未分类的数据预测值与真实值完全一致。可以得到验证:模型基本可以实现对乳腺癌的诊断。

id	diagnosis	Classess
925291	B	2
925292	B	2
925311	B	2
925622	M	4
926125	M	4
926424	M	4
926682	M	4
926954	M	4
927241	M	4
92751	B	2

图 24-22　结果对比

项目 25

水 果 识 别

本项目基于 TensorFlow 的卷积神经网络模型,借助 PyQt5 构建图形化界面,实现对水果品种的识别。

25.1 总体设计

本部分包括整体框架和系统流程。

25.1.1 整体框架

整体框架如图 25-1 所示。

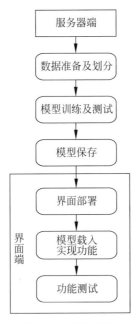

图 25-1 整体框架

25.1.2　系统流程

系统流程如图 25-2 所示。

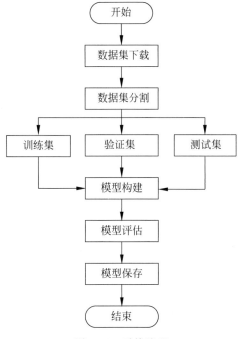

图 25-2　系统流程

25.2　运行环境

本部分包括 Python 环境、TensorFlow 环境和 PyQt5 环境。

25.2.1　Python 环境

在 Windows 环境下下载 Anaconda,完成 Python 3.7 及以上版本的环境配置,如图 1-3 所示,也可以下载虚拟机在 Linux 环境下运行代码。

25.2.2　TensorFlow 环境

Android 只支持 TensorFlow 1.13.1 以下版本。

(1) 打开 Anaconda Prompt,输入清华仓库镜像。

```
conda config -- add channels
https://mirrors.tuna.tsinghua.edu.cn/anaconda/pkgs/free/
conda config - add channels https://mirr
```

(2) 创建 Python 3.7 的环境,名称为 TensorFlow。

注:Python 的版本和 TensorFlow 的版本如有匹配问题,此步选择 Python 3.x。

```
conda create - n tensorflow python = 3.7
```

（3）有需要确认的地方都输入 y。

（4）在 Anaconda Prompt 中激活 TensorFlow 环境：

```
activate tensorflow
```

（5）安装 CPU 版本的 TensorFlow：

```
pip install - upgrade -- ignore - installed tensorflow        ♯ CPU
```

（6）安装完毕。

25.2.3　PyQt5 环境

（1）安装 PyCharm 如图 25-3 所示。

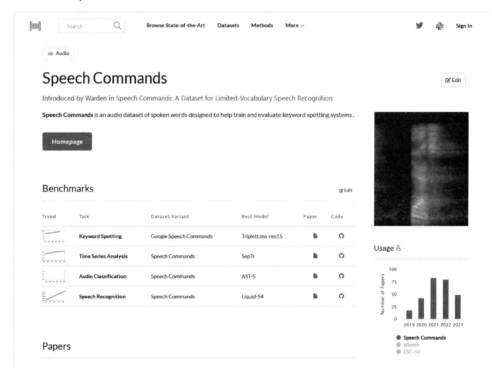

图 25-3　安装 PyCharm 界面

（2）建立一个新的工程，因为配置环境是基于项目级别的，PyCharm 对每个项目都有一个虚拟环境，项目之间需要隔离开。

（3）选择 virtualenv 目录，存放在一个虚拟的 Python 环境中。这里所有的类库依赖都可以直接脱离系统安装的 Python 独立运行，制定虚拟环境解释器以本地安装的 Python 版本来创建。

在 File→settings→project→interpreter 中添加需要的包。

搜索 PyQt5，然后进行安装，安装后增加 PyQt5、PyQt5-sip 和 PyQt5-Qt5，同理安装 PyQt5-tools。

为便于统一开发，在 PyCharm 中打开 PyQt5，添加 Qt Designer，步骤如下：

选择 File→settings→Tools→External Tools→单击右侧的＋号。

注：安装 PyQt5 和 pyqt5-tools 后，designer.exe 文件在 C：\Users\16041\PyCharmProjects\configureQt\venv\Lib\sitepackages\qt5_applications\Qt\bin 目录下。

添加 PyUIC 工具（将.UI 转换成 Python 文件.py），继续单击＋号。

25.3 模块实现

本部分主要包括模型构建及训练、模型测试、图形化界面模块，下面分别给出各部分的功能介绍及相关代码。

25.3.1 模型构建及训练

模型训练包含两部分代码，train_cnn.py 用于训练 CNN 模型，train_mobilnet.py 用于训练 mobilnet 模型，模型训练步骤如下：选择数据加载→模型加载→模型训练和保存。

1. mobilnet 模型

通过 tf.keras.preprocessing.image_dataset_from_directory 直接从指定的目录中加载数据集并统一处理为指定的大小，数据集下载如图 25-4 所示。

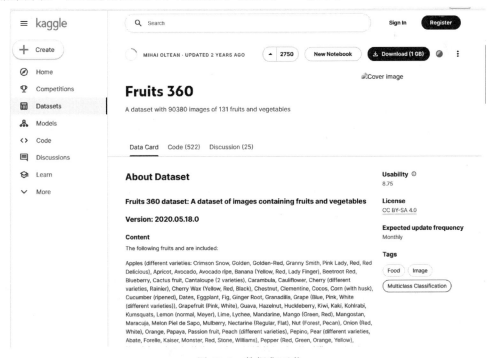

图 25-4 数据集下载

相关代码见"代码文件 25-1"。

mobilnet 模型的损失率和准确率如图 25-5 所示。

```
--------------------------------------------------------------------------
Layer (type)                    Output Shape              Param #
==========================================================================
rescaling (Rescaling)           (None, 224, 224, 3)       0

mobilenetv2_1.00_224 (Functi    (None, 7, 7, 1280)        2257984

global_average_pooling2d (Gl    (None, 1280)              0

dense (Dense)                   (None, 12)                15372
==========================================================================
Total params: 2,273,356
Trainable params: 15,372
Non-trainable params: 2,257,984

--------------------------------------------------------------------------
Epoch 1/30
57/57 [==============================] - 94s 2s/step - loss: 1.2275 - accuracy: 0.6304 - val
Epoch 2/30
57/57 [==============================] - 65s 1s/step - loss: 0.2657 - accuracy: 0.9589 - val
Epoch 3/30
```

图 25-5　mobilnet 模型的损失率和准确率

2. CNN 模型

与 mobilnet 模型相同,直接从指定的目录中加载数据集并处理为统一尺寸,代码同上。模型构建借助 keras 完成,优化器为 sgd,损失函数为交叉熵。相关代码见"代码文件 25-2"。CNN 模型的损失率和准确率如图 25-6 所示。

```
conv2d (Conv2D)                 (None, 222, 222, 32)      896

max_pooling2d (MaxPooling2D)    (None, 111, 111, 32)      0

conv2d_1 (Conv2D)               (None, 109, 109, 64)      18496

max_pooling2d_1 (MaxPooling2     (None, 54, 54, 64)        0

flatten (Flatten)               (None, 186624)            0

dense (Dense)                   (None, 128)               23888000

dense_1 (Dense)                 (None, 12)                1548
==========================================================================
Total params: 23,908,940
Trainable params: 23,908,940
Non-trainable params: 0

--------------------------------------------------------------------------
Epoch 1/30
57/57 [==============================] - 99s 2s/step - loss: 2.4329 - accuracy: 0.16
```

图 25-6　CNN 模型的损失率和准确率

25.3.2　模型测试

在定义模型架构和编译模型之后,使用训练集训练模型,使得模型可以完成水果识别。模型测试和模型训练基本一致,只是在模型加载部分,直接调用保存好的模型即可,不再进行模型参数的调整。首先加载数据,然后加载模型,最后使用 model.evaluate 方法对模型进行测试。相关代码见"代码文件 25-3"。

25.3.3　图形化界面

通过 PYQt5 构建图形化界面,用户可以上传图像,并在系统中调用训练好的模型进行水果类别的预测。

(1) 模型初始化并设置系统名称及类别,相关代码如下。

```python
def __init__(self):
    super().__init__()
    self.setWindowIcon(QIcon('images/logo.png'))
    self.setWindowTitle('水果识别系统')          #系统名称
    #模型初始化
    self.model = tf.keras.models.load_model("models/mobilenet_fv.h5")
    #模型名称
    self.to_predict_name = "images/tim9.jpeg"   #初始图像
    self.class_names = ['土豆', '圣女果', '梨', '猕猴桃', '紫葡萄', '胡萝卜', '杧果', '苹果', '西红柿', '香蕉', '黄瓜', '龙眼']          #类名
    self.resize(900, 700)
    self.initUI()
```

(2) 界面初始化并设置布局,相关代码见"代码文件 25-4"。

(3) 上传并显示图片,打开文件夹选择图片上传完成水果识别。相关代码见"代码文件 25-5"所示。

25.4　系统测试

本部分包括测试准确率和测试效果。

25.4.1　测试准确率

将数据带入模型进行测试,分类的标签与原始数据进行显示并对比,测试结果如图 25-7 所示,其中 mobilenet 达到 97% 的准确率。

```
Found 347 files belonging to 12 classes.
22/22 [==============================] - 2s 113ms/step - loss: 0.1300 - accuracy: 0.9625
Mobilenet test accuracy : 0.9625360369682312
```

图 25-7　测试结果

图形初始化界面如图 25-8 所示,主页界面左边是图像展示区,右边文字将会显示识别结果。右下方有两个按钮,分别是上传图片和开始识别。初始化时左边会显示一张杧果图片,右边文字部分显示等待识别。

系统信息界面如图 25-9 所示,显示水果图片和作者信息。

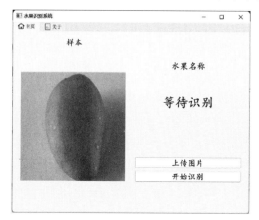

图 25-8　图形初始化界面

图 25-9　系统信息界面

单击开始识别按钮,原文字区显示的"等待识别"将显示为"杧果",如图 25-10 所示。

单击上传图片按钮,打开文件夹选择图片并上传,单击开始识别按钮后显示识别出的水果种类,如图 25-11 所示。

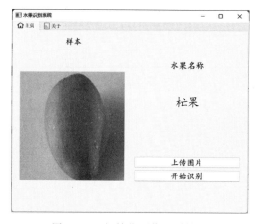

图 25-10　初始化图像识别结果

图 25-11　其他水果图片识别结果

25.4.2　测试效果

分别上传含有胡萝卜、梨、猕猴桃等水果的图像,单击上传图片按钮,显示识别结果如图 25-12～图 25-14 所示,可以看出识别结果均正确。

图 25-12　胡萝卜图片识别

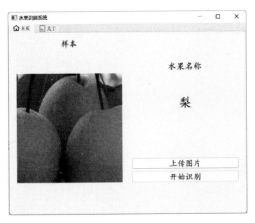

图 25-13　梨图片识别

图 25-14　猕猴桃图片识别

项目 26

表 情 识 别

本项目通过 SSD 算法和 RepVGG 模型,使用 RAF-DB 数据集,进行人脸检测与表情识别。

26.1 总体设计

本部分包括整体框架和系统流程。

26.1.1 整体框架

整体框架如图 26-1 所示。

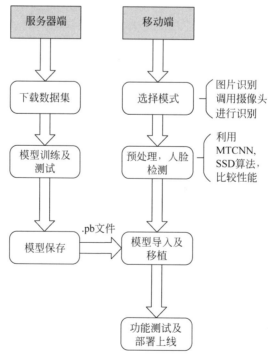

图 26-1 整体框架

26.1.2　系统流程

系统流程如图 26-2 所示。

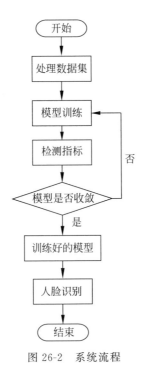

图 26-2　系统流程

26.2　运行环境

在 Windows 环境下下载 Anaconda，完成 Python 3.7 及以上版本的环境配置，如图 1-3 所示，也可以下载虚拟机在 Linux 环境下运行代码。配置好环境后，安装 sklearn、PyTorch、Win32ui 和 Opencv 包。

26.3　模块实现

本部分主要包括数据准备、模型构建、模型训练、前端展示，下面分别给出各模块的功能介绍及相关代码。

26.3.1　数据准备

本系统使用 RAF-DB 数据集，如图 26-3 所示。

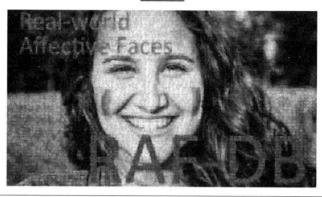

图 26-3　RAF-DB 数据集

26.3.2　模型构建

数据加载进模型之后,需要定义结构并优化函数。

1. 定义结构

在训练前定义训练参数,包括 conv_bin 和 RepVGGBlock,为每个 3×3 卷积层添加平行的 1×1 卷积分支及恒等映射分支,完成整个模型结构,相关代码见"代码文件 26-1"。

2. 优化函数

定义模型后进行训练。表情识别本质上是项多类别分类问题,因此需要使用交叉熵作为损失函数。Adam 是一个很常用的梯度下降方法,可以使用这个方法优化模型参数,相关代码见"代码文件 26-2"。

26.3.3　模型训练

定义模型结构并设定损失函数后,通过 RAF-DB 数据集去训练模型,使得模型可以捕捉人脸进行表情识别并评估,相关代码见"代码文件 26-3"。

26.3.4　前端展示

前端界面展示使用 PyQt5 提供的 PushButton、Qlabel 等控件,相关代码见"代码文件 26-4"。

26.4　系统测试

本部分包括训练准确率及测试效果。

26.4.1　训练准确率

绘制损失曲线,如图 26-4 所示。

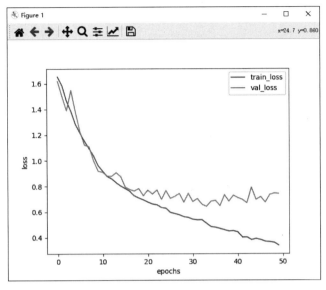

图 26-4　损失曲线

从图 26-4 中可以看到,训练开始阶段损失值下降幅度很大,说明所选的学习率是合适的,学习到一定阶段后,损失曲线趋于平稳,损失变化没有刚开始那么明显。

绘制精度曲线如图 26-5 所示。

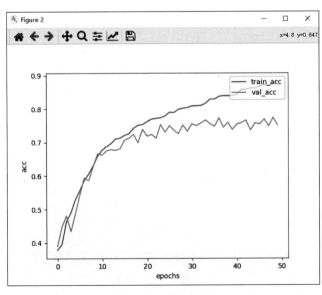

图 26-5　精度曲线

　　绘制混叠矩阵如图 26-6 所示。混叠矩阵用于观察模型在各类别上的表现,可以计算模型对应各类别的准确率。

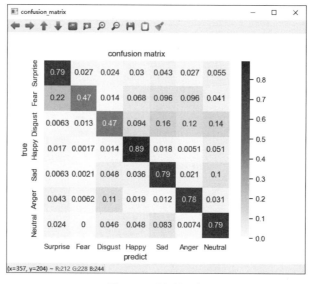

图 26-6　混叠矩阵

　　结果分析:经过大量实验,模型在 RAF-DB 验证集上的识别准确率约为 81%。

26.4.2　测试效果

　　将图像带入系统中进行测试,图 26-7 是系统的前端界面,图 26-8 是对单人图像的识别效果,图 26-9 是对双人图像的识别效果,可以得到验证:系统基本可以实现表情识别。

图 26-7　系统的前端界面

图 26-8 单人图像识别效果

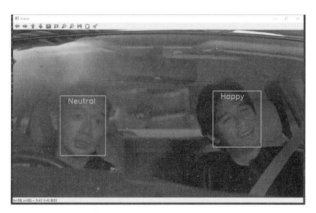

图 26-9 双人图像识别效果

项目 27

生成图像字幕

本项目通过 COCO-train2017 数据集训练,采用 COCO-val2017 为测试样本,基于 sequence-to-sequence 深度学习架构,实现网页端图像字幕的生成。

27.1　总体设计

本部分包括整体框架和系统流程。

27.1.1　整体框架

整体框架如图 27-1 所示。

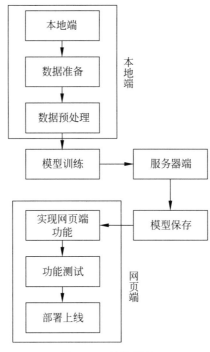

图 27-1　整体框架

27.1.2　系统流程

系统流程如图 27-2 所示。

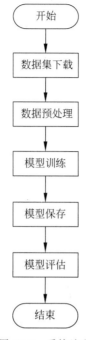

图 27-2　系统流程

27.2　运行环境

本部分包括 Python 环境、PyTorch 环境和网页端环境。

27.2.1　Python 环境

在 Windows 环境下下载 Anaconda,完成 Python 3.7 及以上版本的环境配置,如图 1-3 所示。

27.2.2　PyTorch 环境

(1) 本项目使用 PyTorch1.13.0 版本。打开 Anaconda Prompt,创建名为 electronics_information 的虚拟环境:

```
conda create － n electronics_information python = 3.9
```

(2) 有需要确认的地方都输入 y。

（3）在 Anaconda Prompt 中激活 PyTorch 环境：

```
activate electronics_information
```

（4）安装 GPU 版本的 PyTorch：

```
conda install pytorch torchvision torchaudio pytorch-cuda=11.7 -c pytorch -c nvidia
```

（5）安装完毕。

27.2.3　网页端环境

（1）Streamlit 可以快速搭建 Web 应用的 Python 库，官方定位是服务于机器学习和数据科学的 Web 应用框架。目前已经有详细文档、多样的应用案例和非常活跃的社区，如图 27-3 所示。

图 27-3　搭建应用库

（2）安装 Streamlit：在对应 anaconda 虚拟环境中输入 pip install streamlit。

Streamlit 优势：无须任何前端知识（HTML、CSS、JS 等），只需参考 Python 库给定的写法，类似 Python 代码的方式写出一个精美细致的 Demo 界面。

Streamlit 功能及语法参考文档如图 27-4 所示。

src 是存放该项目代码文件的文件夹，只需在其中新建一个 .py 文件，写入对应的代码即可实现网页端部署，Web 端代码的文件命名为 show.py，如图 27-5 所示。

运行 Web 端程序：只需在对应文件夹下打开命令行，输入 streamlit run show.py 即可，如图 27-6 所示。

打开浏览器输入对应的 URL，即可看到展示界面，如图 27-7 所示。

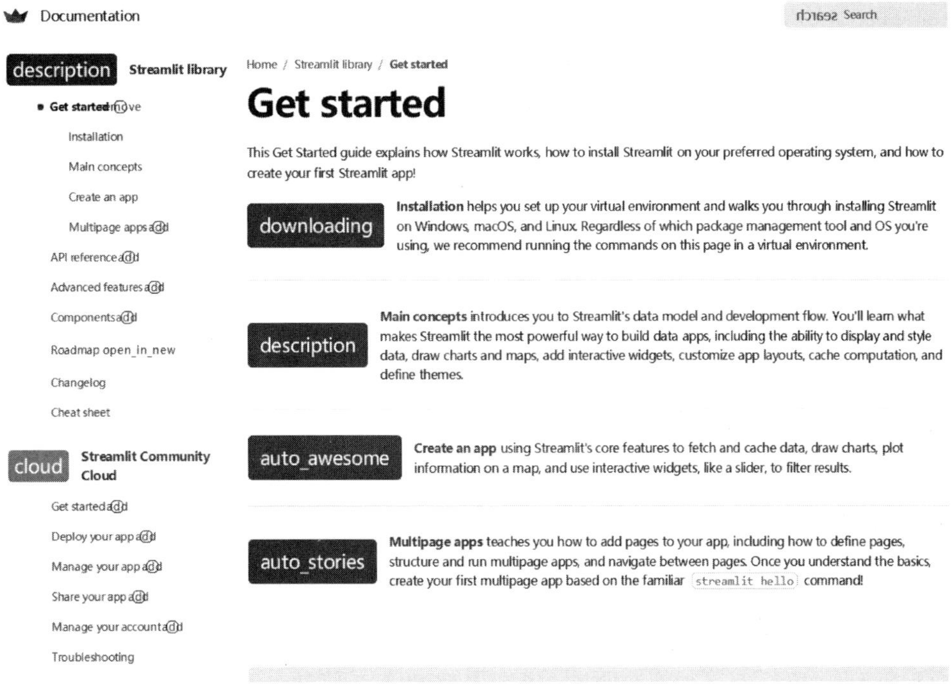

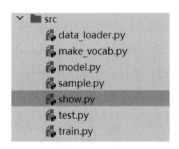

图 27-4　Streamlit 功能及语法

图 27-5　代码文件夹 src

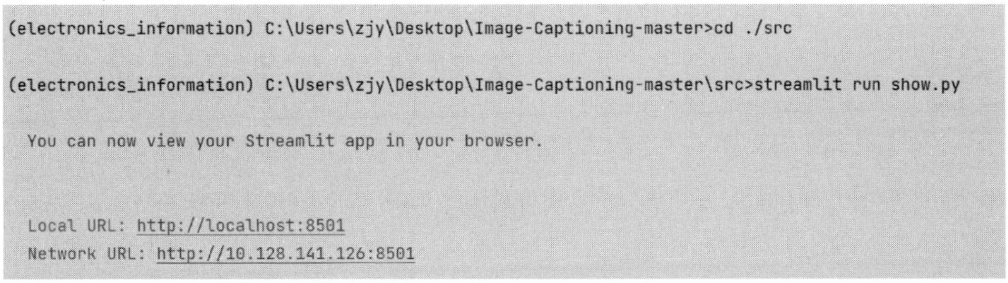

```
(electronics_information) C:\Users\zjy\Desktop\Image-Captioning-master>cd ./src

(electronics_information) C:\Users\zjy\Desktop\Image-Captioning-master\src>streamlit run show.py

  You can now view your Streamlit app in your browser.


  Local URL: http://localhost:8501
  Network URL: http://10.128.141.126:8501
```

图 27-6　启动 Web 端程序

图 27-7　Web 端项目展示

27.3　模块实现

本部分包括数据准备、数据预处理、数据读取、模型构建、模型保存和模型应用,下面分别给出各模块的功能介绍及相关代码。

27.3.1　数据准备

COCO-train2017 是多模态数据集,包含图像和文本两种模态。该数据集包含大小不等的 118287 张图像及描述,如图 27-8 所示。由于数据集过大,为了使用方便,解压后的数据分别存放在服务器端 train2017(图像)和 annotations(描述文字)文件夹下,如图 27-9 所示。

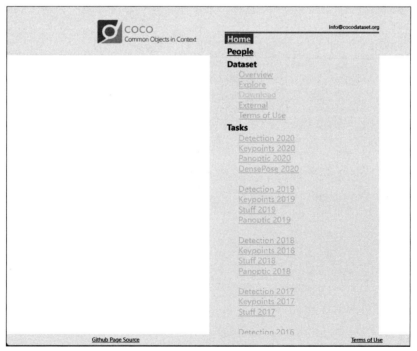

图 27-8　多模态数据集

图 27-9　数据存储文件夹

27.3.2　数据预处理

定义字典类 Vocab,实现如下功能:①添加单词 add_word、获取字典长度 len,由单词映射到数字(word2idx);②通过构建字典类 Make_vocab,获取数据集中文本部分的内容;③通过 nltk. word_tokenize()函数进行分词,将每个单词不重复、按照词频的大小加入字典中,同时也添加一些后续需要的特殊字符,字典构建完成后,保存为 vocab.pickle 文件。相关代码见"代码文件 27-1"。

27.3.3　数据读取

定义 ImageCaption_DataLoader 数据类。一是定义预处理方法 preprocess_idx,由于图像的大小各不相同,目的是筛选一些宽或高不足 224 的图像,并返回符合图像的标号,将其存储在 coco_idx.npy 文件中;二是定义 len 方法获取数据集长度,getitem 方法获取对应下标的数据(图像＋文本),同时定义 get_dataloader()函数,将数据集做简单处理后返回 dataloader,可以按批次(batch_size)读取数据集中的内容。相关代码见"代码文件 27-2"。

27.3.4　模型构建

数据加载进模型之后,需要定义结构、优化函数和性能指标。

1. 定义结构

使用 Encoder-Decoder 进行架构,如图 27-10 所示。

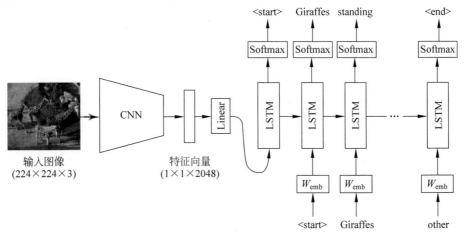

图 27-10　模型架构

Encoder：CNN 卷积模型使用 ImageNet dataset 中预训练的 Resnet101 模型，其拥有很强的提取图像特征能力；使用 Flatten 将多维度特征变为一维向量，并通过线性层映射为 embedding_size 长度（词向量编码长度）。

Decoder：对输入的单词通过嵌入层编码成长度为 embedding_size 的向量。首先，利用 Encoder 的输出对 LSTM 模型进行初始化；其次，输入单词向量，通过 LSTM 模型捕捉特征间的依赖关系；最后，依次输出对应的预测单词，直到预测单词为 end 结束。相关代码见"代码文件 27-3"。

2．优化函数和性能指标

对于最终预测每个单词的任务，将其理解为一个分类任务，类别数为预处理中构建字典 vocab 的大小。因此，使用交叉熵作为损失函数。对于优化器，Adam 是一个常用的梯度下降方法，使用这个方法优化模型参数；这里以 loss 作为评价指标，通过不同 epoch 下的训练模型，凭借图像的测试结果衡量模型性能。

```
# 定义损失函数和优化器
    criterion = nn.CrossEntropyLoss()
    optimizer = optim.Adam(parameters, lr = self.args.lr)
```

3．模型训练及评估

每 30 个 batch 输出一次 step loss，每个 epoch 输出一次 total loss，每 5 个 epoch 保存 encoder 和 decoder 对应的模型参数，以便后续测试模型性能时使用，此次共训练 85 个 epoch。相关代码见"代码文件 27-4"。

基于 Python 中的 wandb 库，将训练中的信息（这里是 loss 值）通过 log 函数写入云平台中，并得到可视化训练输出结果。

27.3.5　模型保存

在 state_dict() 函数中获取模型参数，并通过 torch.save 进行保存，优点是重用性高且占用空间小，每训练 5 个 epoch 保存 1 次 encoder 和 decoder 的参数，以便于后续在 Web 端调用不同训练程度的模型，对比其效果。

```
# 每 5 个 epoch 保存模型参数, encoder + decoder
        if (epoch + 1) % 5 == 0:
            print('Now saving the models')
            torch.save(self.Encoder.state_dict(), self.args.model_path + 'Encoder - {}.
ckpt'.format(epoch + 1))
            torch.save(self.Decoder.state_dict(), self.args.model_path + 'Decoder - {}.
ckpt'.format(epoch + 1))
```

模型被保存后，可以被重用，也可以移植到其他环境中使用。

27.3.6　模型应用

模型应用实现主要由两部分构成：一是网页 Web 端调用摄像头和上传文件获取图像，

生成对应图像的描述文字；二是将图像转换为数据，输入 PyTorch 的模型中，并且获取输出。

通过 streamlit.file_uploader()函数和 streamlit.camera_input()函数，完成调用摄像头和上传文件获取图像的操作；通过其余一些布局、动画效果代码完成在 Web 端的展示。相关代码见"代码文件 27-5"。

27.4　系统测试

如果查看整个训练日志，就会发现随着 epoch 次数的增多，模型在训练数据上的损失逐渐收敛，最终趋于稳定，如图 27-11 所示。

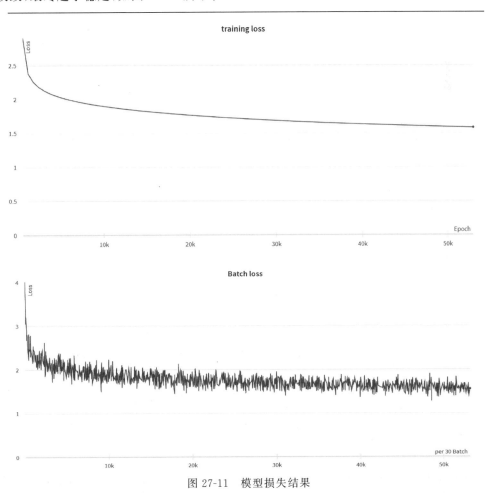

图 27-11　模型损失结果

如图 27-12 所示,界面左侧为侧边栏,由于在训练过程中每 5 个 epoch 保存一次模型参数,因此通过滑动左边的进度滑块,可以分别切换不同 epoch 训练的模型进行预测(Encoder 和 Decoder 可分别切换)。右侧标签栏中主要有两部分,分别对应两种应用方式:一是上传本地图像进行预测;二是通过相机拍摄实时图像进行预测。

图 27-12　应用初始界面

单击 Browse files,选择需要的测试图像,单击生成字幕即可获得预测结果,如图 27-13 所示。

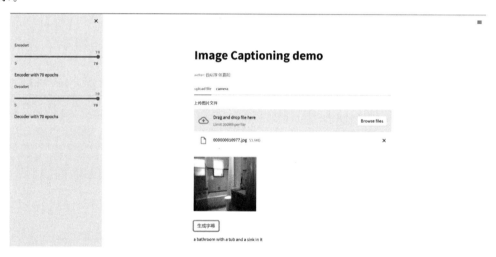

图 27-13　预测结果

单击标签栏的 camera,通过计算摄像头拍摄图像进行字幕生成,由于测试图像更贴近训练数据,生成的文字可读性更好,预测显示界面如图 27-14 所示。

将测试集数据输入模型进行测试,如图 27-15 所示,模型基本可以实现根据输入图像得到对应的描述文字。

Caption: < start > a plate of food that includes chicken , beans and broccoli . < end >

生成字幕

a man riding a surfboard on a wave in the ocean.

(a)

(b)

图 27-14　预测显示界面

图 27-15　模型测试效果

项目 28

验证码的生成和识别

本项目使用 Android 系统,实现移动端数字验证码的准确识别。

28.1 总体设计

本部分包括整体框架和系统流程。

28.1.1 整体框架

整体框架如图 28-1 所示。

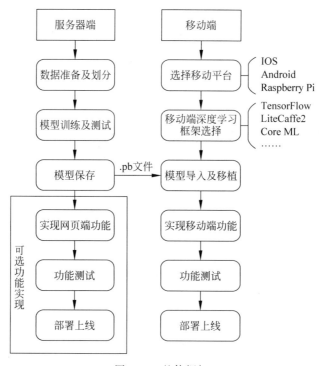

图 28-1 整体框架

28.1.2 系统流程

系统流程如图 28-2 所示。

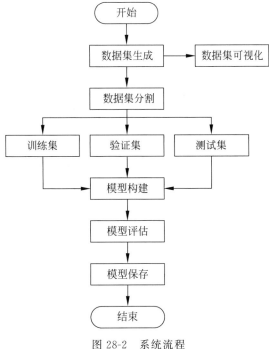

图 28-2 系统流程

28.2 运行环境

本部分包括 Python 环境、TensorFlow 环境和 Android 环境/网页端/鸿蒙/iOS。

28.2.1 Python 环境

在 Windows 环境下下载 Anaconda,完成 Python 3.6 及以上版本的环境配置,如图 1-3 所示,也可以下载虚拟机在 Linux 环境下运行代码。

28.2.2 TensorFlow 环境

(1) Android 只支持 TensorFlow 1.13.1 以下版本。

(2) 打开 Anaconda Prompt,输入清华仓库镜像。

```
conda config -- add channels
https://mirrors.tuna.tsinghua.edu.cn/anaconda/pkgs/free/
conda config -- set show_channel_urls yes
```

(3) 创建一个 Python 3.7.3 的环境,名称为 TensorFlow。此时 Python 的版本和后面

TensorFlow 的版本如有匹配问题,此步选择 Python 3.x。

```
conda create - n tensorflow python = 3.7.3
```

(4)有需要确认的地方都输入 y。

(5)在 Anaconda Prompt 中激活 TensorFlow 环境:

```
conda activate tensorflow
```

(6)安装 CPU 版本的 TensorFlow:

```
pip install - upgrade -- ignore - installed tensorflow #CPU
```

(7)安装所需要的库(根据 requirements.txt 一键安装):打开所在文件夹,单击搜索栏,输入 cmd,激活 TensorFlow。

(8)输入 dir 查看文件列表,然后输入 pip install -r requirements.txt。

(9)安装完毕。

28.2.3　Android 环境/网页端/鸿蒙/iOS

(1)安装 Android Studio,参考教程如图 28-3 所示。

图 28-3　安装 Android Studio 界面

(2)新建 Android 项目,打开 Android Studio,选择 File→New→New Project→Empty Activity→Next,如图 28-4 所示。

(3)Name 可以自定义,Save location 是项目保存的地址,也可以自定义,Minimum API 是

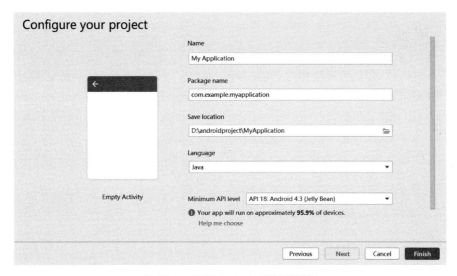

图 28-4　配置 Android 项目对话框

本项目能够兼容的 Android 最低版本，这里选择 21。单击 Finish 按钮，新建项目完成。

（4）导入 TensoFlow 的 jar 包和 so 库：下载 libtensorflow_inference.so 和 libandroid_tensorflow_inference_java.jar。

（5）将 libtensorflow_inference.so 文件存放在/app/libs 目录下新建的 armeabi-v7a 文件夹中。

（6）右击 add as Library，将 libandroid_tensorflow_inference_java.jar 存放在/app/libs 文件夹下。

（7）app\build.gradle 配置：在 defaultConfig 中添加即可。

```
ndk {
        abiFilters "armeabi - v7a"
}
```

（8）在 android 节点下添加 soureSets，用于制定 jniLibs 的路径。

```
sourceSets {
    main {
        jniLibs.srcDirs = ['libs']
    }
}
```

（9）在 dependencies 中增加 TensorFlow 编译的 jar 文件。

```
implementation files('libs/libandroid_tensorflow_inference_java.jar')
```

完整的 app/build.gradle 配置见"代码文件 28-1"。

App/build.gradle 中的内容有任何改动后，都需要单击 Sync Now 或 图标，即同步该配置，同步成功表示配置完成。

28.3 模块实现

本部分包括数据准备、模型构建、模型训练、模型保存和模型应用,下面分别给出各模块的功能介绍及相关代码。

28.3.1 数据准备

通过使用 generate()函数随机生成验证码图像,组成实验所需的数据集,图像命名为验证码结果,方便模型训练与识别。相关代码见"代码文件 28-2"。

运行代码成功后,操作台会输出生成完毕,并且在 captcha/images/路径下生成验证码图像,但由于重复,图像数量会少于设定值。

28.3.2 模型构建

数据加载进模型之后,需要定义结构并优化模型。

1. 定义结构

在训练模型之前,一是对数据集进行预处理;二是打乱图像顺序、切分训练集和测试集,并对图像做统一处理,方便模型训练。相关代码见"代码文件 28-3"。

2. 优化模型

确定模型架构之后需要对模型进行编译并计算损失函数,然后使用自适应矩(adaptive moment estimation)优化模型参数,该算法也是梯度下降算法的一种变形,但是每次迭代参数的学习率都有一定的范围,不会因为梯度很大而导致学习率(步长)随之变大,参数的值相对比较稳定,相关代码如下。

```
# 定义 loss
# softmax_cross_entropy: 标签为 one - hot 独热编码
loss0 = tf.losses.sparse_softmax_cross_entropy(label_batch[:, 0], logits0)
loss1 = tf.losses.sparse_softmax_cross_entropy(label_batch[:, 1], logits1)
loss2 = tf.losses.sparse_softmax_cross_entropy(label_batch[:, 2], logits2)
loss3 = tf.losses.sparse_softmax_cross_entropy(label_batch[:, 3], logits3)
# 计算总的 loss
total_loss = (loss0 + loss1 + loss2 + loss3) / 4.0
# 优化 total_loss
optimizer = tf.train.AdamOptimizer(learning_rate = lr).minimize(total_loss)
```

28.3.3 模型训练

在定义模型架构和编译模型之后,使用训练集训练模型,使模型可以识别数字验证码,并使用测试集进行评估。

```
# 训练 epochs 个周期
for i in range(epochs):
    if i % 30 == 0:
```

```
        sess.run(tf.assign(lr, lr / 3))
    #训练集传入迭代器中
    sess.run(iterator.initializer, feed_dict = {features_placeholder: x_train,
                            labels_placeholder: y_train})
    #训练模型
    while True:
        try:
            sess.run(optimizer, feed_dict = {is_training: True})
        except tf.errors.OutOfRangeError:
            #所有数据训练完毕后跳出循环
            break
```

将数据集按比例分成测试集和训练集,进行 100 次训练。后 20 次训练输出结果如图 28-5 所示。

```
81:loss=1.558 acc0=0.972 acc1=0.898 acc2=0.796 acc3=0.946 total_acc=0.683
82:loss=1.559 acc0=0.972 acc1=0.902 acc2=0.798 acc3=0.946 total_acc=0.687
83:loss=1.559 acc0=0.969 acc1=0.901 acc2=0.789 acc3=0.946 total_acc=0.679
84:loss=1.557 acc0=0.974 acc1=0.896 acc2=0.795 acc3=0.948 total_acc=0.684
85:loss=1.559 acc0=0.975 acc1=0.902 acc2=0.793 acc3=0.946 total_acc=0.686
86:loss=1.557 acc0=0.977 acc1=0.899 acc2=0.800 acc3=0.944 total_acc=0.685
87:loss=1.557 acc0=0.971 acc1=0.903 acc2=0.798 acc3=0.944 total_acc=0.681
88:loss=1.555 acc0=0.974 acc1=0.898 acc2=0.800 acc3=0.950 total_acc=0.694
89:loss=1.557 acc0=0.970 acc1=0.899 acc2=0.799 acc3=0.949 total_acc=0.688
90:loss=1.556 acc0=0.972 acc1=0.901 acc2=0.799 acc3=0.944 total_acc=0.688
91:loss=1.556 acc0=0.974 acc1=0.903 acc2=0.801 acc3=0.947 total_acc=0.695
92:loss=1.556 acc0=0.972 acc1=0.902 acc2=0.802 acc3=0.948 total_acc=0.695
93:loss=1.556 acc0=0.972 acc1=0.899 acc2=0.802 acc3=0.948 total_acc=0.692
94:loss=1.556 acc0=0.973 acc1=0.901 acc2=0.804 acc3=0.948 total_acc=0.695
95:loss=1.555 acc0=0.976 acc1=0.902 acc2=0.804 acc3=0.948 total_acc=0.696
96:loss=1.555 acc0=0.975 acc1=0.899 acc2=0.801 acc3=0.947 total_acc=0.694
97:loss=1.555 acc0=0.975 acc1=0.904 acc2=0.801 acc3=0.947 total_acc=0.697
98:loss=1.556 acc0=0.974 acc1=0.901 acc2=0.799 acc3=0.948 total_acc=0.693
99:loss=1.555 acc0=0.972 acc1=0.901 acc2=0.800 acc3=0.951 total_acc=0.697
```

图 28-5　训练结果

观察训练集、测试集的损失函数和准确率的大小,对模型的训练程度进行评估,进而进行模型训练的进一步决策。一般来说,训练集和测试集的损失函数(或准确率)不变且基本相等为模型训练的较佳状态。

可以将训练过程中保存的准确率和损失函数以图像的形式表现出来,方便观察。

28.3.4　模型保存

本次训练生成的模型文件为.ckpt 格式,为了能够被 Android 程序读取,使用 change 函数将模型转译为.pb 格式。步骤如下:获取节点名称和模型转换。相关代码见"代码文件 28-4"。

模型被保存后,可以被复用,也可以移植到其他环境中使用。

28.3.5　模型应用

移动端(以 Android 为例)调用相册获取数字图像;将数字图像转换为数据,输入

TensorFlow 的模型中,并且获取输出。

1. 权限注册

(1)调用手机相册时需要动态申请 WRITE_EXTERNAL_STORAGE 的权限,该权限表示同时授予程序对 SD 卡读和写的能力。

(2)不同版本的手机,在处理图像上方法不同。Android 系统从 4.4 版本开始,选取相册中的图像不再返回真实的 Uri,而是一个封装过的 Uri。因此,如果是 4.4 版本以上的手机则需要对 Uri 进行解析。该项目中,手机版本为 Android 11,所以需要加入 android:requestLegacyExternalStorage="true",相关代码见"代码文件 28-5"。

2. 模型导入及调用

(1)将训练好的.pb 文件存储在 Android 项目的 app/src/main/assets 文件夹下,若不存在 assets 目录,右击选择 main→new→Directory,输入 assets。

(2)新建类 PredictionTF. java,在需要调用 TensorFlow 时,加载 so 库 import org. tensorflow. contrib. android. TensorFlowInferenceInterface 和 System. loadLibrary("tensorflow_inference")。

(3)在 MainActivity. java 中声明模型存放路径,调用 PredictionTF 类。相关代码见"代码文件 28-6"。

完整代码见"代码文件 28-7"。

28.4 系统测试

本部分包括训练准确率及测试效果。

28.4.1 训练准确率

训练准确率达到 90% 左右,意味着这个预测模型训练比较成功。如图 28-6 所示,随着 epoch 次数的增多,模型在训练数据、测试数据上的损失和准确率逐渐收敛,最终趋于稳定。

图 28-6 训练准确率

28.4.2　测试效果

将数据带入模型进行测试,分类的标签与原始数据进行显示并对比,如图 28-7 所示,能够实现数字验证码的识别。

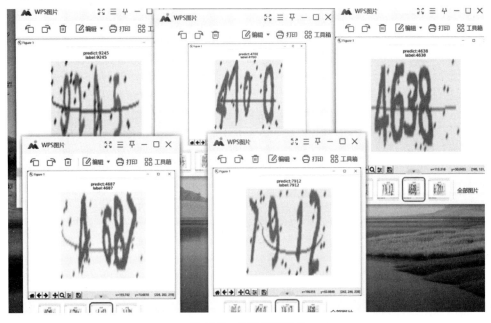

图 28-7　模型训练效果

将手机数据线连接到计算机上,开启手机的开发者模式,打开 USB 调试,单击 Android 项目的运行按钮,出现连接手机的选项。打开 App,初始界面如图 28-8 所示。

图 28-8　初始界面

单击输出结果,可以看到文本框的内容变为预测结果:6290,如图 28-9 所示。

图 28-9　预测结果

如果测试其他图像可单击按钮从相册获取，如图 28-10 所示。

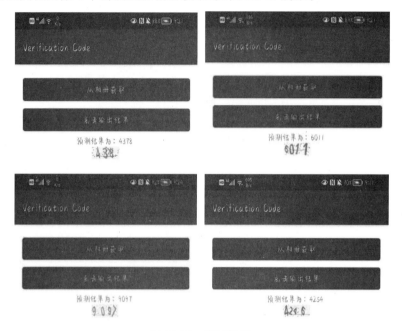

图 28-10　测试结果

项目 29　中文语音输入法

本项目基于开源中文语音数据库 AISHELL-ASR0009-OS1 中提供的数据，通过卷积神经网络模型和连续时序分类算法识别并匹配出合适的字段，实现语音输入。

29.1　总体设计

本部分包括整体框架和系统流程。

29.1.1　整体框架

整体框架如图 29-1 所示。

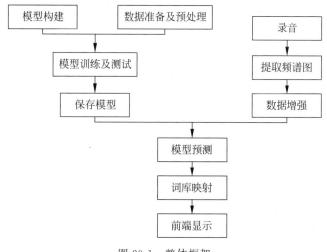

图 29-1　整体框架

29.1.2　系统流程

系统流程如图 29-2 所示。

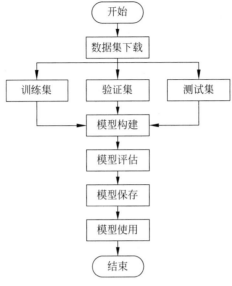

图 29-2　系统流程

29.2　运行环境

本部分包括 Python 环境、TensorFlow 环境和其他依赖库。

29.2.1　Python 环境

在 Windows 环境下下载 Anaconda，完成 Python 3.9 及以上版本的环境配置，如图 1-3 所示。

29.2.2　TensorFlow 环境

（1）开发 GPU 驱动版本为 12.0。

（2）TensorFlow-GPU 需要 CUDA 版本。

（3）选择 TensorFlow 2.10 版本。

（4）通过 Anaconda 环境进行 TensorFlow 的安装。

（5）打开 Anaconda Prompt，创建一个 Python 3.9 的环境，名称为 chinese_voice_recognition：

```
conda create - n chinese_voice_recognition python = 3.9
```

（6）有需要确认的地方都输入 y。

（7）在 Anaconda Prompt 中激活 TensorFlow 环境：

```
activate chinese_voice_recognition
```

（8）安装 2.10 版本的 TensorFlow：

```
pip install tensorflow = 2.10
```

（9）为了能够使用 GPU 进行加速，需要安装 CUDA 和 cuDNN 组件。在英伟达开发者官网下载 TensorFlow-GPU 支持的 CUDA 11.2 和 cuDNN 8.1 版本,如图 29-3 和图 29-4 所示,根据提示进行安装,注册且下载完成后解压,然后将 bin、include 和 lib 文件夹复制到 CUDA 的目录下,默认安装路径为 C:\Program Files\NVIDIA GPU Computing Toolkit\ CUDA\v11.2。

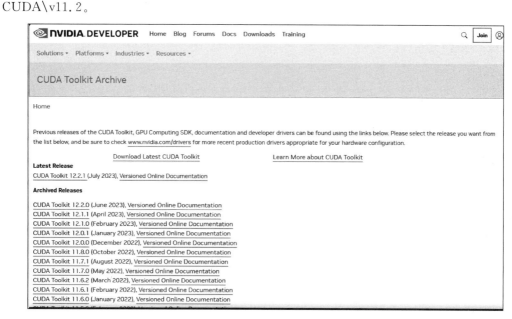

图 29-3　安装 CUDA 组件

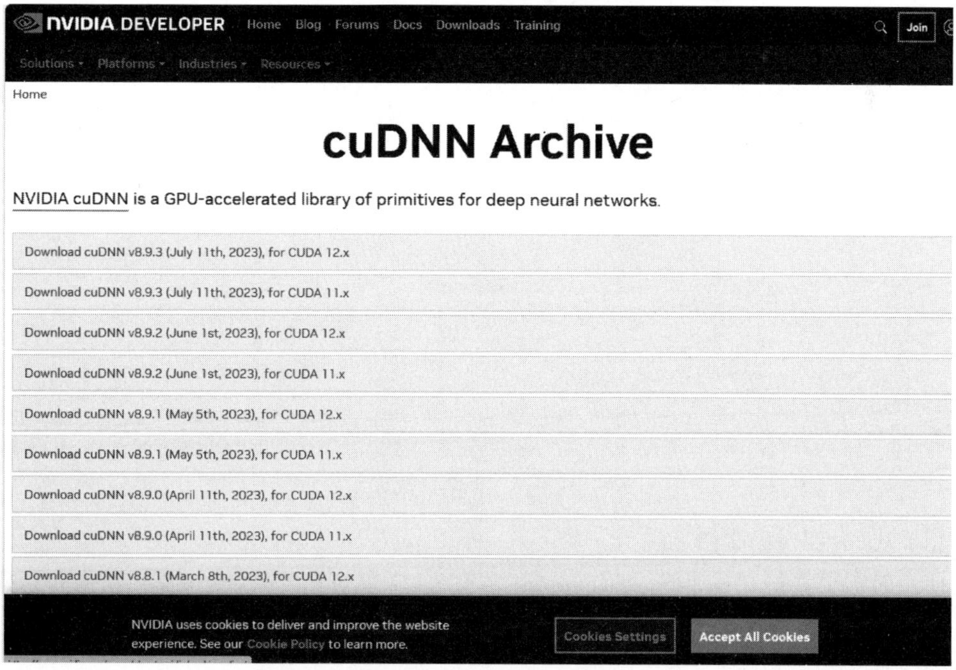

图 29-4　安装 cuDNN 组件

29.2.3 其他依赖库

本项目中用到的其他依赖库及其版本如下：numpy1.23、pyaudio0.2、pypinyin0.47 和 wave0.0.2。这些依赖库均在 Anaconda 环境中使用 pip 命令安装。

29.3 模块实现

本部分包括数据准备、模型构建、模型训练及验证、模型应用，下面分别给出各模块的功能介绍及相关代码。

29.3.1 数据准备

音频读入功能的实现为 Utility.py 文件中的 read_wave_data 函数，用于获取 wav 音频文件中保存的音频数据和采样率。数据来源于 AISHELL-ASR0009-OS1，将数据集下载到本地，如图 29-5 所示。

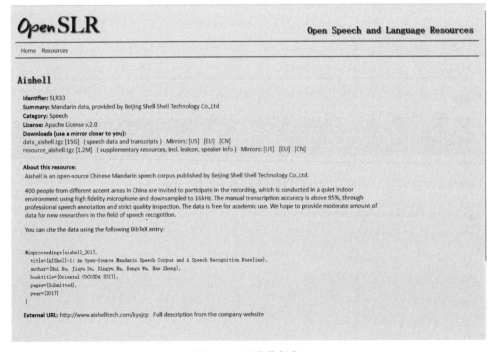

图 29-5 下载数据集

相关代码见"代码文件 29-1"。

使用时需要实例化一个 SpecAugment 类对象，调用 run 函数，输入音频数据和采样率；通过 read_wave_data 函数得到的音频数据可以直接输入 run 函数中，然后返回经过处理的频谱图数据。

29.3.2　模型构建

数据加载进模型之后,需要定义结构并优化函数。

1. 定义结构

本项目设计的卷积神经网络模型如图 29-6 所示,图中输入的是经过处理的频谱图,频谱图上像素点的灰度值表示能量;黑色立方体表示卷积神经网络,后面跟着批量归一化层和 ReLU 激活函数;从左向右数第 3、5、7、9、11 个立方体表示池化层;左侧第 1 个立方体表示变形层,目的是保留横轴时间轴上的信息,之后经过两个全连接层,最后通过 softmax 激活函数输出分类结果。

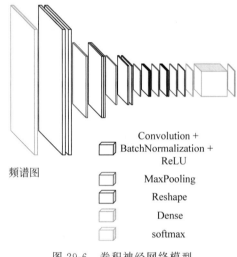

频谱图

Convolution +
BatchNormalization +
ReLU

MaxPooling

Reshape

Dense

softmax

图 29-6　卷积神经网络模型

具体实现在 SpeechModel.py 中的 SpeechModel 类,模型参数保存在类成员属性 model_for_train 中,可以调用 save_weight() 函数保存模型参数到本地文件,以便后续使用,相关代码见"代码文件 29-2"。

2. 优化函数

以 CTC 算法中的损失值作为损失函数,相关代码见"代码文件 29-3"。其中 y_pred 表示经过神经网络模型和 CTC 算法的预测结果,y_true 表示实际结果,input_length 表示预测结果的长度,label_length 表示实际结果的长度,通过 ctc_batch_cost 函数计算损失值,选择 Adam 优化器,学习速率设置为 0.0001。

29.3.3　模型训练及验证

本项目在 Train.py 文件中实现模型训练的功能,并使用 TensorBoard 可视化工具展示训练效果,相关代码见"代码文件 29-4"。

模型训练步骤如下:一是在训练后使用验证集数据进行验证并预测结果;二是与实际结果之间计算文本距离,以所有数据的文本距离之和与实际结果的字数之和的比值作为预测错误率。同样的方式也可以对测试集数据进行测试,得出测试集的预测错误率。相关代码见"代码文件 29-5"。

29.3.4 模型应用

通过 Tkinter 库设计前端程序,使用 Python 整合前后端功能,在 Window.py 文件中封装为 MainWindow 类,使用模型进行预测的功能封装在 Predict.py 文件的 SpeechRecognition 类中。

1. 前端 GUI

前端 GUI 实现主要在构造函数中,相关代码见"代码文件 29-6"。

2. 模型导入及调用

本项目通过设计继承 Thread 类的 SpeechRecognition,实现在子线程中进行语音识别的功能。模型导入的实现在该类的构造函数中,使用实例化前述 SpeechModel 类,调用其成员属性 model_for_train 中的 load_weights 函数,将模型训练时保存的参数文件加载到模型中。相关代码见"代码文件 29-7"。

29.4 系统测试

本部分包括训练准确率及测试效果。

29.4.1 训练准确率

从最后一轮训练日志的输出来看,每批次的准确率在 99% 以上,损失值接近 0。TensorBoard 输出的训练效果如图 29-7 和图 29-8 所示,横坐标表示训练轮次,纵坐标分别表示准确率和损失值。

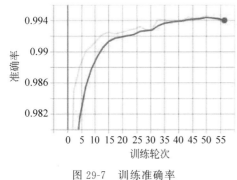
图 29-7 训练准确率

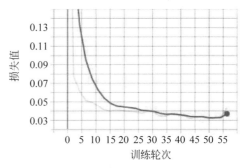
图 29-8 训练损失值

29.4.2 测试效果

应用模型得到验证集和测试集,分别计算出单字错误率为 0.155 和 0.183,说明该模型在应用于其他数据具有较高的准确率,并未出现过拟合现象。

应用初始界面如图 29-9 所示。界面自上而下分别是 3 个文本框用于显示内容,2 个并排按键用于执行录音操作。

一是按下开始录音按键后,开始录音按键失效,停止录音按键有效,此时程序开始录制麦克风接收到的音频信号。二是按下停止录音按键,录制的音频信号将保存到本地的.wav 文件中,同时开始录音按键有效,停止录音按键失效。三是对录音文件进行语音识别,若识别失败,识别拼音的文本框中显示语音识别失败;若识别成功,识别的拼音内容显示在识别拼音的文本框中,同时通过对词库的筛选,识别拼音的候选词显示在文本框中,如图 29-10 所示。候选词文本框最多显示 6 行,可以通过键盘上的数字键 1～6 选择候选词。选择候选词后,在输出文本框中显示选择的内容。若需要重新选择,可按下键盘上的 Backspace 键退后一次选择。

图 29-9　应用初始界面

图 29-10　语音输入"你好"的程序界面

以录音问题和示例两个词语的发音为例,对其他输入音频进行测试,如图 29-11 所示。

语音输入"问题"　　　　　　语音输入"示例"

图 29-11　测试效果

项目 30

狗种类识别

本项目基于 ImageNet 数据集,通过特征筛选和提取后进行训练,实现对狗种类的识别。

30.1　总体设计

本部分包括整体框架和系统流程。

30.1.1　整体框架

整体框架如图 30-1 所示。

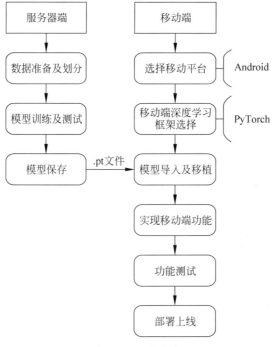

图 30-1　整体框架

30.1.2　系统流程

系统流程如图 30-2 所示。

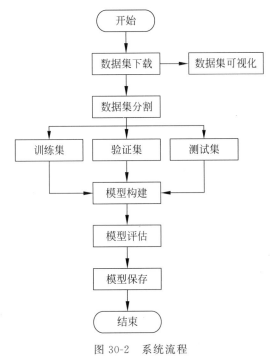

图 30-2　系统流程

30.2　运行环境

本部分包括 Python 环境、PyTorch 环境和 Android 环境。

30.2.1　Python 环境

在 Windows 环境下下载 Anaconda,完成 Python 3.6 及以上版本的环境配置,如图 1-3 所示,也可以下载虚拟机在 Linux 环境下运行代码。

30.2.2　PyTorch 环境

(1) 使用 1.10 版本的 PyTorch。

(2) 打开 Anaconda Prompt,查看曾经激活的环境:

```
conda info -- envs
```

(3) 创建一个 python 3.9 的环境,名称为 PyTorch-cpu:

```
conda create - n pytorch - cpu python = 3.9
```

（4）有需要确认的地方都输入 y。

（5）在 Anaconda Prompt 中激活 PyTorch 环境：

```
activate pytorch-cpu
```

（6）升级 pip：

```
python -m pip install --upgrade pip
```

（7）输入清华仓库镜像：

```
conda config --add channels https://mirrors.tuna.tsinghua.edu.cn/anaconda/cloud/pytorch/
conda install pytorch torchvision cpuonly -c pytorch
```

（8）安装完毕。

30.2.3　Android 环境

（1）安装 Android Studio，如图 30-3 所示。

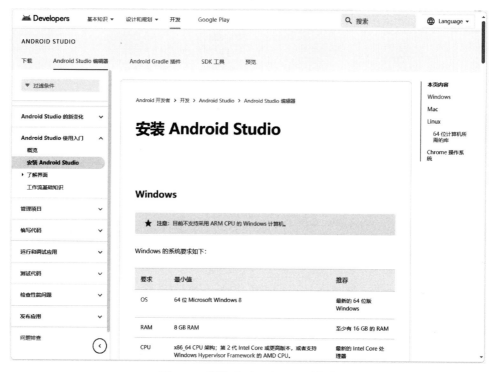

图 30-3　安装 Android Studio 界面

（2）新建 Android 界面：打开 Android Studio，选择 File→New→New Project→Empty Activity→Next，如图 30-4 所示。

（3）Name 可以自定义，Save location 是项目保存的地址，也可自定义，Minimum API 为该项目能够兼容 Android 的最低版本，大于或等于 18 即可。单击 Finish 按钮，新建项目

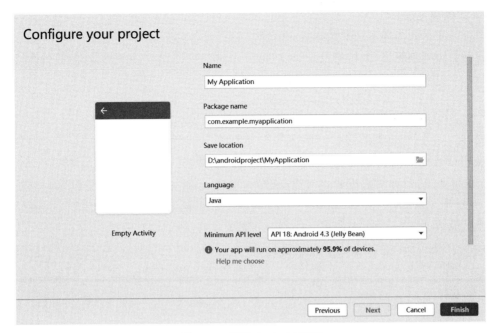

图 30-4　新建 Android 界面

完成。

（4）app\build.gradle 配置。在 dependencies 中导入 pytorch_android 的安装包,此处导入版本须与 PyTorch 版本一致。

```
implementation 'org.pytorch:pytorch_android_lite:1.9.0'
implementation 'org.pytorch:pytorch_android_torchvision:1.9.0'
```

（5）完整的 app/build.gradle 配置代码见"代码文件 30-1"。

对 App/build.gradle 的内容做出任何改动后,Android Studio 弹出如下提示:

Gradle files have changed since last project sync. A project sync may be necessary for the IDE to work properly.　　　　Sync Now　Ignore these changes

单击 Sync Now 或 图标,即同步该配置,同步成功表示配置完成。

30.3　模块实现

本部分包括数据准备、模型构建、模型训练、模型保存、模型应用和模型运行,下面分别给出各模块的功能介绍及相关代码。

30.3.1　数据准备

ImageNet 是为了促进计算机图像识别技术的发展而设立的一个大型图像数据集,图像大小不一。

1. 数据集处理

通过搜索得到小样本加载数据集，相关代码见"代码文件 30-2"。

此时会得到训练集、测试集及 .csv 文件，分别包含 1000 张训练集图像和 10 张测试集图像，如图 30-5 所示。

```
Extracting ./mnist_data/train-images-idx3-ubyte.gz
Extracting ./mnist_data/train-labels-idx1-ubyte.gz
Extracting ./mnist_data/t10k-images-idx3-ubyte.gz
Extracting ./mnist_data/t10k-labels-idx1-ubyte.gz
```

图 30-5　代码读取成功

在此基础上，需要对数据集进行重新分割，新建 train_valid_test，其中包含 4 个新文件夹，分别是 test、train、valid 和 train_valid。train_valid 是 train 和 valid 的合集。通过验证集筛选出最佳超参数之后，再使用 train_valid 训练一遍，得到最终模型。

```
def reorg_dog_data(data_dir, valid_ratio):
    labels = d2l.read_csv_labels(os.path.join(data_dir, 'labels.csv'))
    d2l.reorg_train_valid(data_dir, labels, valid_ratio)   #将验证集从原始的训练集中拆分出来
    d2l.reorg_test(data_dir)                                #将测试集数据复制到新文件夹
```

2. 图像预处理

由于数据集中图像大小不一，因此对其进行图像的预处理，其中训练集处理比测试集处理增加了更多的随机性。相关代码见"代码文件 30-3"。

3. 数据集读取

```
#数据加载器
train_iter, train_valid_iter = [torch.utils.data.DataLoader(
    dataset, batch_size, shuffle = True, drop_last = True)
    for dataset in (train_ds, train_valid_ds)]
valid_iter = torch.utils.data.DataLoader(valid_ds, batch_size, shuffle = False, drop_last = True)
test_iter = torch.utils.data.DataLoader(test_ds, batch_size, shuffle = False, drop_last = False)
```

30.3.2　模型构建

数据加载进模型之后，需要定义结构并优化损失函数。

1. 定义结构

首先，在完整的 ImageNet 数据集上选择预训练模型；其次，使用该模型提取图像特征，以便将其输入定制的小规模输出网络中。深度学习框架的高级 API 提供了在 ImageNet 数据集上预训练的各种模型。在这里，选择预训练的 ResNet34 模型，只需重复使用此模型的输出层（即提取特征）的输入；最后，用一个可以训练的小型自定义输出网络替换原始输出层。

```
#微调预训练模型
def get_net(devices):
    finetune_net = nn.Sequential()
    #深度残差网络
```

```
finetune_net.features = torchvision.models.resnet34(weights = torchvision.models.
ResNet34_Weights.IMAGENET1K_V1)
    #定义一个新的输出网络,共有 120 个输出类别
    finetune_net.output_new = nn.Sequential(nn.Linear(1000, 256), nn.ReLU(), nn.Linear
(256, 120))
    #将模型参数分配给用于计算的 CPU 或 GPU
    finetune_net = finetune_net.to(devices[0])
    #不更新参数,加快训练速度
    for param in finetune_net.features.parameters():
        param.requires_grad = False
    return finetune_net
```

2. 优化损失函数

在计算损失之前,先获取预训练模型输出层的输入(提取的特征),然后使用此特征作为小型自定义输出网络的输入计算损失。

```
loss = nn.CrossEntropyLoss(reduction = 'none')
#损失函数
def evaluate_loss(data_iter, net, devices):
    l_sum, n = 0.0, 0
    for features, labels in data_iter:
        features, labels = features.to(devices[0]), labels.to(devices[0])
        outputs = net(features)
        l = loss(outputs, labels)
        l_sum += l.sum()
        n += labels.numel()
    return (l_sum / n).to('cpu')
```

30.3.3 模型训练

在定义模型架构和编译模型之后,要使用训练集去训练模型,使得模型可以识别狗的种类。根据模型在验证集上的表现选择模型并调整超参数,模型训练函数 train 只迭代小型自定义输出网络的参数。相关代码见"代码文件 30-4"。

30.3.4 模型保存

为了能够被 Android 程序读取,需要将模型文件保存为.pth 格式。模型被保存后,可以被重用,也可以移植到其他环境中使用。

30.3.5 模型应用

该应用主要由两部分构成:一是移动端(以 Android 为例)调用摄像头和相册获取数字图像;二是将数字图像转换为数据,输入 PyTorch 的模型中,并且获取输出。

1. 权限注册

调用摄像头需要注册内容提供器对数据进行保护。在 AndroidManifest.xml 中进行注册,相关代码见"代码文件 30-5"。

2. 模型导入及调用

将训练好的. pb 文件存入 Android 项目的 app/src/main/assets 目录下,若不存在 assets 目录,右击选择 main→new→Directory,输入 assets。

在 MainActivity. java 中声明模型存放路径。

```
module = LiteModuleLoader.load(assetFilePath(this, "mymodel.ptl"));
```

布局代码见"代码文件 30-6"。

主活动类代码见"代码文件 30-7"。

30.3.6 模型运行

Android 项目编译成功后,建议将项目运行到真机上进行测试。模拟器运行较慢,不建议使用。运行到真机方法如下。

(1) 将手机数据线连接到计算机上,开启手机的开发者模式,打开 USB 调试,单击 Android 项目的运行按钮,会出现所连接的手机选项,单击即可。

(2) Android Studio 生成 apk,发送到手机,手机下载 apk 后安装即可。

(3) 应用初始界面如图 30-6 所示。

图 30-6　应用初始界面

界面从上至下,分别是 1 个按钮、2 个文本框显示结果和 1 个图像。单击图像位置选择拍照上传或相册上传,完成上传后,单击开始分类按钮,完成分类后,显示分类结果及计算时间。

30.4　系统测试

本部分包括训练准确率及测试效果。

30.4.1　训练准确率

loss 值随着迭代次数的增加而减少,并逐渐趋于稳定,如图 30-7 所示。最终 train loss 稳定在 0.786,train acc 稳定在 80.3%,如图 30-8 所示。

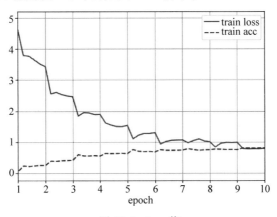

图 30-7　loss 值

```
train loss 0.786,train acc 0.803, valid loss 1.771
8.2 examples/sec on [device(type='cpu')]
```

图 30-8　训练准确率

30.4.2　测试效果

将测试集的数据代入模型进行测试,分类的标签与原始数据进行显示并对比,得到如图 30-9 所示的测试过程,第一行为数据集中包含的所有犬类名称,名称下对应图像为此种犬类的可能性,第一列为图像 ID,测试结果如图 30-10 所示。

id	affenpinsc	afghan_ho	african_h	airedale	american_	appenzelle	australian	basenji	basset	beagle	bedlington	bernese_m	black-an
0dc570ec7(	0.1029979	0.0020145	0.002972	0.0413378	0.0010302	0.0010453	0.9801815	0.0202969	0.0001228	0.0168136	0.005772	0.0123061	0.000431
27ccf0e03!	0.0048615	0.0048767	0.000547	0.7142385	0.0029519	0.0003638	0.0003893	0.0270795	0.0165178	0.0285859	0.7339882	0.0034529	0.378508
82d137d71(	0.0003465	0.0307116	0.0022217	0.002095	0.1724952	0.8196324	0.0002217	0.0085255	0.095167	0.646929	0.009851	0.8310869	0.019105
8db94c3efe	0.0075525	0.8894908	0.0030753	0.0098565	0.0008478	0.0054	3.61E-05	0.0014343	0.0004839	0.0050829	0.0708968	0.0252564	0.002202
b2f350d68!	0.0035555	0.0015304	0.0129395	0.0035271	0.0024399	0.0045211	0.0021832	0.0723112	0.0017126	0.0169139	0.0694141	0.0039771	0.006583
b5cf42054(	0.0249063	0.0753085	0.0133227	0.0169714	0.0096174	0.0004675	0.0004675	0.1746004	0.0002017	0.0111764	0.0248032	0.029592
c76b5c3bd;	0.0016547	0.0449147	0.0572638	0.1985214	0.0098202	0.0040719	0.0035923	0.1746004	0.8345289	0.0322373	0.017139	0.0027565	0.053262
ec6b4aee97	0.0011921	0.0001321	0.0051687	0.0008169	0.5634906	0.1378317	0.0005546	0.4567706	0.0439009	0.1821857	0.0581603	0.0605249	0.458913
f28b4d589!	0.0129928	3.25E-05	0.8372048	0.012409	0.1966517	0.0070833	0.0037447	0.1613752	0.0021549	0.0428354	0.0145773	0.0050654	0.017533
fd369fa62:	0.0106468	0.0013904	0.0032986	0.003875	0.0333011	0.0071588	0.0084855	0.0771391	0.0052193	0.0282148	0.0090248	0.0307708	0.033867

图 30-9　测试过程

图 30-10　测试结果